创客教育

青少年
3D打印课程
——用123D Design建模

何余东　编著

U0283849

清华大学出版社

北　京

内 容 简 介

本书主要介绍3D设计型课堂流程，以图文并茂的形式重点介绍了3D模型构建方法，讲解了使用免费的Autodesk 123D Design软件进行3D建模的过程，指导读者用此软件学习3D课程，步骤详细、讲解清晰，为读者今后进行更加高级的3D建模打下坚实基础。

对于3D打印课程抱有浓厚兴趣却不知从何入手的读者，本书将带你走进3D打印的世界。

图书在版编目（CIP）数据

青少年3D打印课程：用123D Design建模/ 何余东编著. —北京：清华大学出版社，2017（2024.2重印）
（创客教育）
ISBN 978-7-302-46597-3

Ⅰ.青… Ⅱ.①何… Ⅲ.①立体印刷—印刷术—青少年读物 Ⅳ.①TS853-49

中国版本图书馆CIP数据核字（2017）第031099号

责任编辑：帅志清
封面设计：傅瑞学
责任校对：赵琳爽
责任印制：杨 艳

出版发行：清华大学出版社
　　　　网　　　址：https://www.tup.com.cn，https://www.wqxuetang.com
　　　　地　　　址：北京清华大学学研大厦A座　　　　　　邮　　编：100084
　　　　社 总 机：010-83470000　　　　　　　　　　　　邮　　购：010-62786544
　　　　投稿与读者服务：010-62776969，c-service@tup.tsinghua.edu.cn
　　　　质量反馈：010-62772015，zhiliang@tup.tsinghua.edu.cn
印 装 者：天津鑫丰华印务有限公司
经　　销：全国新华书店
开　　本：203mm×260mm　　　印　　张：6.75　　　字　　数：126千字
版　　次：2017年5月第1版　　　　　　　　　　　印　　次：2024年2月第8次印刷
定　　价：49.00元

产品编号：070092-02

丛书编委会

主编：郑剑春

副主编：张春昊　刘　京

委员：（以拼音为序）

曹海峰　陈　杰　陈瑞亭　程　晨　付志勇　高　山
管雪沨　黄　凯　梁森山　廖翊强　刘玉田　马桂芳
毛　勇　彭丽明　秦赛玉　邱信仁　沈金鑫　宋孝宁
孙效华　王继华　王　蕾　王旭卿　翁　恺　吴向东
谢贤晓　谢作如　修金鹏　杨丰华　叶　雨　殷雪莲
于方军　余　翀　袁明宏　张建军　赵　凯　钟柏昌
周茂华　祝良友

序/
人人创客　创为人人

　　少年强则国强。风靡全球的创客运动一开始就与教育有着千丝万缕的联系。这种联系主要表现在两个方面：一是像 3D 打印、智能机器、创意美食等融合了"高大上"的最新科技和普通人可以操作的、方便快捷的东西，本身就有很强的吸引力，很多青少年是被其吸引过来而不是被叫过来，这样自然意味着创客教育有很大的教育意义。二是创客教育对教育的更大挑战是，让这些青少年真正地面对真实社会。在自媒体的时代，信息传播的成本基本为零，任何一个人在任何一个年龄段都可以分享自己的创意，甚至这个创意还在雏形阶段，"未成形，先成名"。社交网络上的真诚点赞和可能带来的潜在商机，让投身创客学习模式的青少年在锻炼动手能力和创新思维的同时，找到了一个和社会直接对接的端口。

　　那么，一个好的创客应该具备什么样的品质呢？首先是"发现问题"，发现自己和身边人的任何一个微小需求，哪怕它很"偏门"，比如一个用来检测紫外线强度是否过强的帽子。但是根据"长尾理论"，有了互联网，世界各地的人们能够搜索到这种小众的发明，然后为其付费。其次是"质感品位"，做一个有设计思维的人，能够用设计师的方式去思考，当别人看到自己设计的东西时感觉有一种"工匠精神"——确实花了很多心思去设计，真诚地为自己点赞。也可以在开始时就有自己的品牌特色，比如设计一个商标或者统一外部特征。物像人一样，我们可以察觉到它们的不同个性，好的设计像一个富有个性的人一样有它的特色。通过欣赏好的设计，并且去制造它，可以提高自己对质感的把握能力和对品位的理解能力，使自己的创客作品能够超越"粗糙发明"的状态，成为一个精致的造物。再次是要能够驾驭价值规律，可以从很多现成的套件入手，但是最终一定要能够驾驭原始材料，如基础控制板、电子元器件、木头、塑料、铝等，因为只有这样才能驾驭成本。几乎没有小饭馆会采用从大酒店订餐然后再卖给自己顾客的做法，因为它们无法卖出大酒店的价格。同样，用现成套件搭建的作品也卖不出去，因为它的成本太高，现成套件只是一个很好的入门途径。通过一步步的学习，最终学会了驾驭原始材料，就能够实现物品的使用价值和成本之间的飞跃。就像我们用废旧物品制作机器人一样，它仿佛在对你说："谢谢你给予了我新的生命，原来我一文不值，现在却成为大家眼里的明星。"而这种价值提升的过程也是创客特别引以为傲的地方。最后就是"资源和限制"，知道自己擅长什么、不擅长什么，才能很好地寻找合作伙伴，所有的创新都在有限资源和无限想象力之间"妥协"。通过了解物和人的资源及限制，就可以驾驭自己无限的想象力了。你肯定会想："哦，我明白了，创客就是对于任何一个自己或者别人微小的需求都能够用有质感和品位的方式来满足，从中得到价值上的提升，并且能够组建团队创造性地解决问题的一群人。"那么我会回答："嗯……我也不太清楚，因为创客领域的所有答案都要你亲自动手去解决，你先去做，然后告诉我，我说得对不对。""那么，我要怎么做呢？"

"创客教育"系列丛书提供了充分选择的空间，里面琳琅满目的创客项目，总有一款会适合你。那么，亲爱的朋友，如果你现在能够对自己说，第一，我想学，而且如果一时找不到教师，我愿意自学；第二，我想去做一个快乐、自由的创造者，自己开心也能够帮助身边的人解决问题，那么你在思想上已经是一个很优秀的创客了。试想，一个"人人创客、创为人人"的社会应该是怎样的呢？我们认为一定是一个每个人都能够找到自己最愿意干的事，每个人都能够找到适合自己的项目"搭档"的世界。我们说得到底对不对呢？请大家动动手，亲自验证吧！

丛书编委会
2015年6月

前言

　　3D 打印是快速成型技术的一种,被喻为第三次工业革命的核心技术之一。它是一种以数字模型文件为基础,运用 PAL、ABS 或粉末、金属、塑料等可粘合材料,通过逐层打印的方式来构造物体的技术。3D 打印技术可以给学生的"学习方式"带来新的思考,让抽象的教学概念更加容易理解,可以激发学生对科学、数学尤其是工程和设计创意的兴趣,带来实践与理论、知识与思维、现实与未来 3 个方面的相互结合。

　　具体表现为 : ① 3D 打印让学生的想象更容易变成现实,培养学生的创新意识,鼓励学生的创新实践 ; ② 学习运用简易建模软件,发展学生立体空间思维 ; ③ 通过 3D 打印实体的触觉过程,为学生建立一种新型的学习通道 ; ④ 选择贴近生活的建模主题,培养学生解决生活实际问题的能力。

　　Autodesk (欧特克) 是全球最大的二维、三维设计和工程软件公司,为制造业、工程建设行业、基础设施业以及传媒娱乐业提供卓越的数字化设计、工程软件服务和解决方案。该公司推出了一套适用于普通用户的免费建模软件 Autodesk 123D,这套软件包含的种类不断增加,以强化和完善 3D 打印建模的功能。

　　编者曾在 2015 年与 15 所学校合作开展 3D 打印教学,并在一线工作过程中总结出第一期设计型课程。本书详细讲解了使用 123D Design 进行课程教学的方法,以及详细的课堂流程。通过讲解整个流程,使读者尽可能地掌握 3D 建模的过程和方法,高效地完成 3D 打印的学习任务。

　　由于水平所限,书中难免存在不足之处,欢迎广大读者批评指正。

编　者

2017 年 3 月

目 录

第一课 认识3D建模软件

一、3D建模概念

在使用 3D 打印机时需要用到 3D 数据，而制作 3D 数据的过程即为 3D 建模。我们所用的 123D Design 是一种 3D 建模软件，在笔者编写本书时这一软件已更新到 2.2 版本，此版本已全面支持简体中文，这对广大学习爱好者是一个好消息。

二、认识界面

请从 http://www.123dapp.com/design 下载最新版本的软件安装包。在下载之前，请确认所用计算机的操作系统为 32 位或 64 位。选择相应的位数下载并安装，如图 1-1 所示。

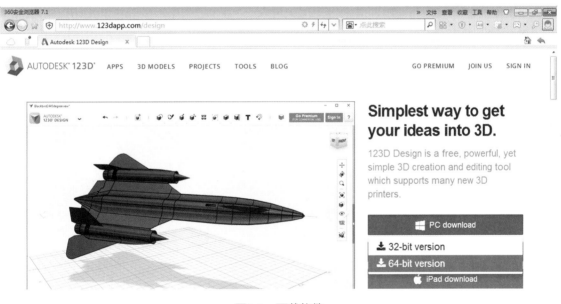

图1-1 下载软件

安装语言选择"简体中文（Simplified Chinese）"。安装好软件后，打开程序，认识一下欢迎界面，如图 1-2 所示。

在欢迎界面中会出现一个简明教程，每次软件更新都会把新添加的功能放在这里，建议先浏览一下。如果不希望下次打开程序时出现这个界面，可勾选左下角的"不再显示此消息"选项。如想看此界面，可随时单击右上角的"?"，再单击"快速入门提示"即可。

图1-2　软件开启界面

单击"开始新项目"按钮后出现如图 1-3 所示工作界面。

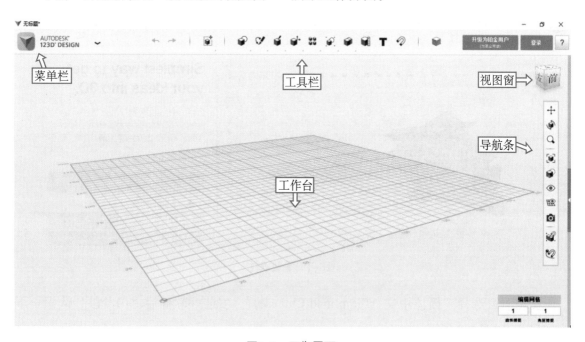

图1-3　工作界面

1. 菜单栏

菜单栏从左至右依次为下拉菜单栏、建模工具栏、快捷菜单栏,单击左上角的图标或下拉菜单栏,会自上而下显示新建、打开、保存、保存副本、导入、导出为3D文件、导出为2D文件、三维打印、发送到、退出等选项。

建模工具栏从左至右依次为撤销操作、重做、变换工具、基本几何图形库、草绘、构造、修改、阵列、分组、合并、测量、文本、吸附、材质等,这些工具下面还有更加具体的子菜单,在后续的建模学习中会逐个用到。

2. 工作台

工作台是由 X、Y 两个方向构成的坐标系,默认每小格的长度是5mm,也可以通过单击右下角的"编辑网格"按钮修改单位和网格大小。修改后单击"确定"按钮即可生成一个新的网格,如图1-4所示。

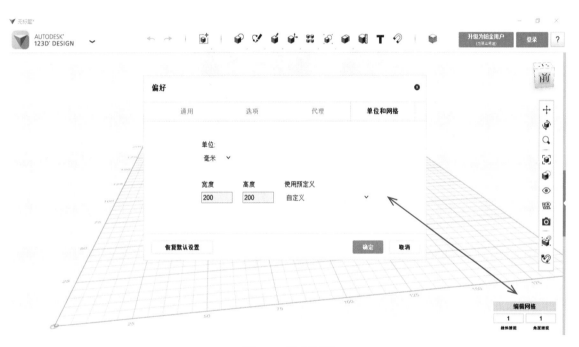

图1-4　修改网格

3. 导航条

导航条从上至下依次为平移视图、旋转视图、缩放视图、全局视图、轮廓和材质的显示、实体和草图的显示、开启/关闭工作平台、截取屏幕、开启/关闭吸附时分组、捕捉时成组等选项。其中最上面的视图立方体共有6个面,按住这个立方体旋转或者单击不同的面,可以从不同角度观察物体,也可以单击视图立方体左上角的小房子图标回到默认视图。

到此已经了解了123D建模软件的工作界面,下面可以发挥创意开始建模了。

第二课　设计一串冰糖葫芦

一、任务导航

就像做菜一样,要先准备好菜谱、食材和工具。建模之前也要先准备好建模思路、建模物体和建模工具。本节课先来试试做冰糖葫芦,如图 2-1 所示。

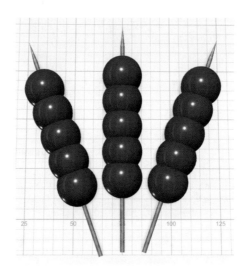

图2-1　冰糖葫芦

二、小试身手

题目：设计一串冰糖葫芦。

建模思路：将 5 个糖葫芦对齐放置在工作平台上,用竹签把 5 个糖葫芦串起来。

建模物体：5 个球（糖葫芦）、圆柱体（竹签）。

建模工具：基本体、变换、吸附。

1. 基本几何体的放置

◀◀ 试一试：

把基本几何体放置到工作台上,如图 2-2 所示。

工作台上的基本几何体中,左边 9 个是立体几何体,右边 4 个是平面几何图形。单击选中立方体,在工作区会出现 1 个立方体。移动鼠标时,立方体会随着鼠标光标移动。在立方体的下面,还有 1 个小圆,这个小圆是立方体和平台接触那个面的中心,它会自动吸附在网格的交叉点上。选择合适的位置,然后单击"确定"按钮,这时立方体下面的白色小圆消失。再次移动鼠标,发现实体不会跟随鼠标移动了。试试把其他几何图形也放在平台上。

图2-2　基本几何图形库

2. 开始做糖葫芦

先将前面练习时的物体清空。操作步骤为:单击物体,在物体四周出现亮绿色,表示选中了。此时按 Delete 键,物体就消失了。如果平台上有多个物体,可以按住鼠标左键从左上角拉到右下角,框选中的物体可一次性删除。然后,选择一个球体放置在平面上,球体下面会出现一个参数框,可以输入半径值。修改半径值,可以得到大小不一的球体。直接用默认的半径 10mm,如图 2-3 所示。

用同样的方法放置 5 个球体在平台上,如图 2-4 所示。

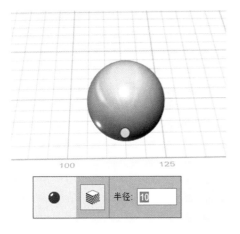

图2-3　创建半径为10mm的小球

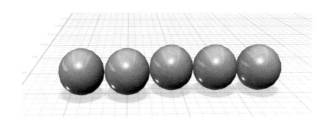

图2-4　5个球体放置于平台上

3. 移动物体

按住鼠标左键拖动小球,使之一个挨一个排成一条直线。小球真的一个挨一个站在一条直线上了吗? 不一定!

记住,现在是画三维图,可是计算机屏幕是平面的 (二维),所以看到的只是一个角度,从这个角度看是放在了一条直线上,换个角度就不一定了。从俯视角度去看其实是图 2-5 所示的样子。

图2-5　俯视角度看小球

是不是和想象的不一样？怎样才能使它们对齐呢？

4．调整视角的方法

要学会如何调整工作面的视角。如图2-6所示，软件右边视图导航条也有3个基本功能：平移、旋转、缩放。按住中键（或鼠标滚轮）拖动鼠标，能平移台面。按住右键拖动鼠标，能改变视角。滚动滚轮，能缩放视图。

导航条上方有一个视图立方体，单击可快速切换到各方向视图，如前视图、左视图、顶视图等。

立方体左上角还有一个默认视图按钮，如果视角有点乱，单击可以立即回到默认视图。图2-7所示为视图窗。

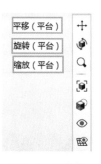

图2-6　导航条

图2-7　视图窗

◀◀◆ **试一试：**

（1）放置一个大的正方体，分别在后面、下面、侧面放上不同的物体，从正面看只能看到正方体。怎样才能看到正方体后面的物体呢？

（2）在平面上放置一个极小的圆，肉眼难以察觉，只有放大后才能看到圆球。有哪些方法可以放大视图？

下面还有关于平台及物体的显示，后续介绍。

单击视图立方体上的顶视图，就是从上方观察，拖动小球，使它们一个挨一个排列整齐，如图2-8所示。

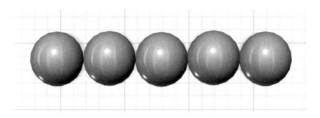

图2-8　5个小球排列整齐

小明："老师,既然是三维的,那你只从顶视图看,怎么能保证它们在一个高度上? 会不会有的高有的低?"

老师："基本上,无论怎么移动,这些物体都是贴紧工作台放的,没有改变高度,不过可以改变视角从其他视图看看。"

5. 缩放物体

接下来,放进一个圆柱体做棍子。

小明："老师,放下来的圆柱体又粗又短,怎么办?"

老师："可以使用'变换'工具里的第四个缩放菜单里的'缩放'工具。"

缩放工具如图2-9所示。

单击菜单"变换",有6个子菜单:这里先使用"移动"和"缩放"。单击"缩放"按钮,出现一个箭头,如图2-10所示。

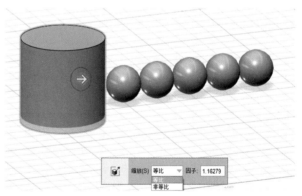

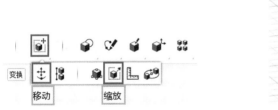

图2-9　"变换"工具　　　　　　图2-10　"缩放"工具

试着拖动箭头,看看效果。

小明："老师,圆柱体变长的同时也变粗了,我要让它变长、变细,不要变粗!"

老师："仔细看一下缩放后的对话框,选择'非等比'缩放。"

单击"缩放"下拉按钮:列表框中有"等比""非等比"两选项。默认是"等比"缩放。选中"非等比"后,就会出现3个箭头。

◆◆ **试一试：**

拖动 3 个小箭头做出一根细长的棍子,如图 2-11 所示。

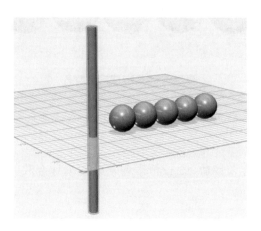

图2-11　做出一个又细又长的棍子

6. 全方位移动物体

小明：“老师,棍子是立着的,怎么把它放倒呢?”

老师：“使用‘全方位移动’工具移动物体。”

“全方位移动”工具如图 2-12 所示。

单击菜单“变换”,再单击“移动 / 旋转”按钮,在圆柱体上单击,出现 3 个箭头、3 个小方块和白色圆点,还有 3 个带双箭头的小圆圈,如图 2-13 所示。

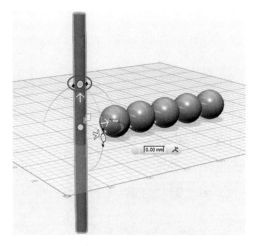

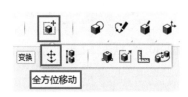

图2-12　“全方位移动”工具　　　　　　图2-13　移动物体

3 个箭头：拖动它们,可以在 X、Y、Z 这 3 个方向移动物体。

3 个小方块：拖动它们,可以在 XY、YZ、ZX 这 3 个平面内移动物体。

白色圆点：拖动它,可以在任意方向移动物体(一定要变换不同视角观察,否则自己都

8

不知移到哪去了）。

3 个带双箭头的小圆圈：拖动它们，可以绕 X、Y、Z 轴转动物体。

◆◆ 试一试：

将棍子插入小球中，调整到合适位置，如图 2-14 所示。

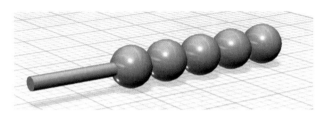

图2-14　完成糖葫芦制作

记得从各个角度看看，再保存文件。养成良好习惯。

7．做尖头

使用"基本体"中的"圆锥体"工具，按照棍子的半径将圆锥设置成相应大小，如图 2-15 所示。

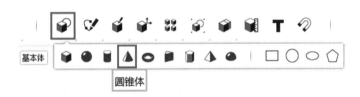

图2-15　"圆锥体"工具

接着使用工具栏右方的"吸附"工具，将尖头吸附到棍子的头部。"吸附"工具如图 2-16 所示。

单击顺序：先单击要吸附的物体，再单击吸附到的位置。

8．上色

打开工具栏右方的"材质"选项，如图 2-17 所示。

修改各个物体的颜色与材质，如图 2-18 所示。选好颜色后，勾选"应用"复选框，然后单击要修改的物体即可。材质在右边选择，如图 2-18 所示。

图2-16　"吸附"工具　　　　　　　　　图2-17　"材质"选项

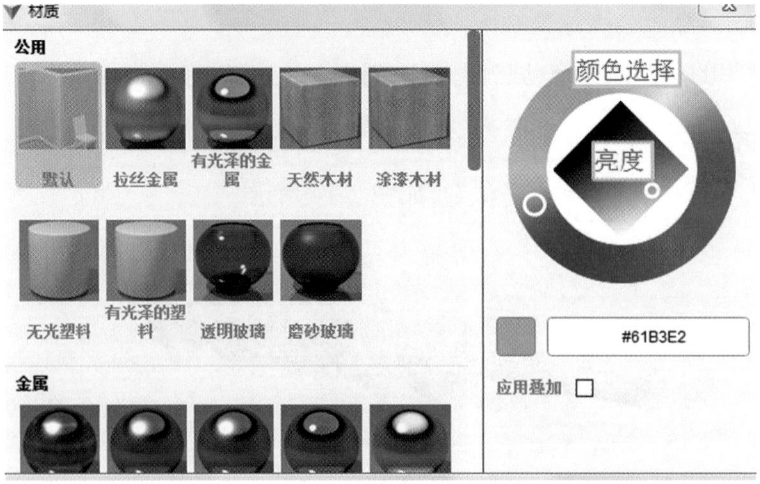

图 2-18 "材质"工具

9. 保存文件

文件的保存方法如下：把光标移到左上角，就会出现下拉菜单，选择"保存"命令，有两个子命令，选择"到我的计算机"子命令，然后在弹出的对话框内输入要保存的文件名，完成保存，如图 2-19 所示。

图2-19 保存文件

10. 小结

本节课主要介绍了 123D Design 软件的一些常用功能，多练习鼠标旋转和移动视图的功能，能够在以后的精确建模中更加快速。

第三课 设计一个骰子

一、任务导航

唐玄宗（明皇）李隆基与贵妃杨玉环平日喜欢玩掷骰子游戏,杨玉环先掷出了两个一点,按照规则李隆基需要掷出两个四点才能胜过她,李隆基在掷骰子的过程中,不停地喊:"重四、重四!"果然是四点。于是,他龙颜大悦,立刻命高力士用朱漆将骰子上的四点漆为红色。杨玉环哪里肯依,于是玄宗为了取悦杨贵妃,就把一点也涂成了红色。从此骰子有了红、黑两色的区分,民间也纷纷效仿,流行开来,骰子在民间也就有了一个新名字:色子(shǎi zi),如图 3-1 所示。

图3-1 骰子

下面就来建立一个骰子的模型吧!

二、小试身手

题目:设计一个骰子。

建模思路:将数量从 1～6 的小球排列好后嵌入正方体,然后切出凹点,倒圆角后上色。

建模物体:立方体（骰子主体）、球（凹点）。

建模工具:切割、矩形阵列、多段线绘制、倒圆角。

1. 设计主体

在工作平台上放置一个立方体。放置在平台上之前可以设置立方体的长、宽、高,如图 3-2 所示。

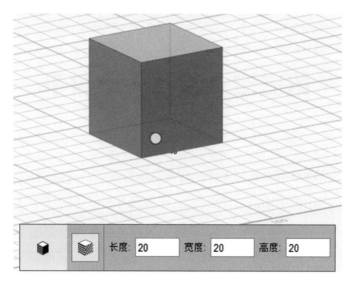

图3-2　设置立方体的长、宽、高

2．设计球体作为切割体

设置好球的大小，放置在立方体的一个面上的合适位置。

小明："每个面都要放上好多的球体，有没有简便方法？"

老师："你可以使用'阵列'工具。"

使用"阵列"→"矩形阵列"工具，如图3-3所示。

在出现的第一个选项中选择需要阵列的物体，在第二个选项中选择一条或几条直线作为阵列的方向，如图3-4所示。

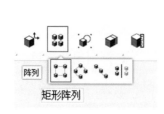

图3-3　"矩形阵列"工具

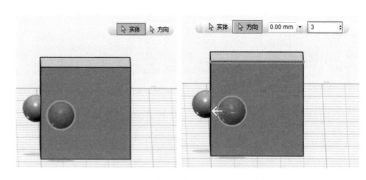

图3-4　"矩形阵列"工具选项

在最后一个微调框输入需要物体的个数（包括原阵列物体在内），同时被阵列的物体上会出现箭头（几个方向就有几个箭头），可以直接拖动箭头来阵列。

◆◆ **试一试：**

阵列一个点数二的面。

阵列一个点数四的面。

阵列一个点数六的面。

小明："老师，在画3点的时候没有对角线的方向可以用来阵列怎么办？"

老师："那我们自己画一条对角线。"

图3-5　使用"草图"工具

用"草图"→"多段线"工具即可绘制对角线，如图3-5所示。

画一条对角线作为阵列的辅助线。

将鼠标移到要放置3个小球的面上并单击这个工作面，把线画在这个面上，然后把鼠标移到一个角上，会变成一个黑色的方框，单击来确定第一个点，再把鼠标移到对角上，单击确定下一个点，以此确定一条直线，如图3-6所示（画好之后单击绿色的钩或者按 Enter 键确定）。

图3-6　画对角线

画好线后就可以阵列点数三了。

小明："老师，点数五要怎么画呢？"

老师："在点数四的基础上，再复制出一个小球。"

首先画出点数四，然后选中其中一个球，按 Ctrl+C 组合键复制小球，然后按 Ctrl+V 组合键将小球粘贴出来，此时会出现全方位移动的箭头，把小球移动到中间位置就得到点数五了，如图3-7所示。

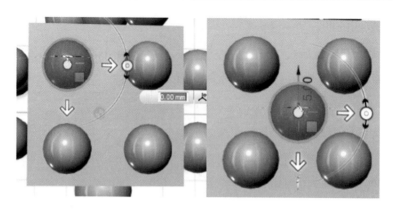

图3-7　画5个点

3．将小球嵌入立方体

先将视角转到侧面（可以直观地看到球嵌入立方体），拖动方向箭头将球嵌入立方体或者在单击方向箭头之后输入具体数值（移动方向与方向箭头相反时，输入负数就能向反方向移动），如图3-8所示。

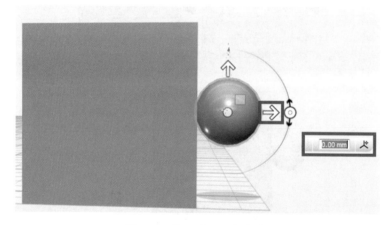

图3-8　将小球嵌入立方体

◀◀ 试一试：

用同样的方法将所有球嵌入立方体（注意不要嵌入太多以免切割后两个凹面重叠出现小洞）。反思：如果先把小球嵌入立方体再阵列会怎么样？

4．切割出凹点

小明："老师，小球都嵌好了，怎么才能把凹点切出来呢？"

老师："使用'相减'工具。"

选择"合并"→"相减"工具，如图3-9所示。

图3-9　"相减"工具

出现两个选项,第一个选项选择需要被切割的物体。选择好之后会自动跳到第二个选项上,第二个选项选择用来切割的物体,如图3-10所示。选择好之后按 Enter 键就完成切割了。

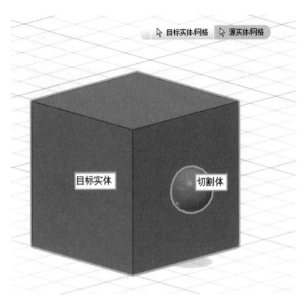

图3-10 切割实体

◆ 试一试:

切出所有的凹点。思考:如何同时切割多个小球?

5. 给切割好的骰子倒圆角

小明:"老师,这个骰子的角太尖锐了,不仅不美观,还有可能转不动。"

老师:"用'倒圆角'工具进行修改。"

选择"修改"→"倒圆角"工具,如图3-11所示。

图3-11 "倒圆角"工具

单击之后用过旋转视角选中所有边(立方体的棱),如图3-12所示。

直接往里拖动箭头,或者在下面的文本框内输入数字(数字过大无法倒角)。

6. 隐藏轮廓线

倒圆角之后得到的图形如图3-13所示。

15

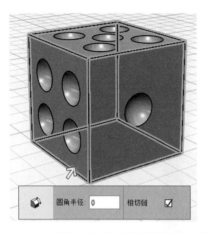

图3-12 选择倒圆角的边及设置圆角半径

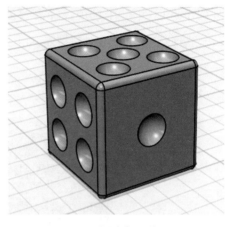

图3-13 倒圆角后的图形

小明："老师,骰子周围有好多黑线,怎么去掉?"

老师："那是轮廓线,可以隐藏。"

选择视图工具中的"仅材质",就能隐藏黑线了,如图3-14所示。

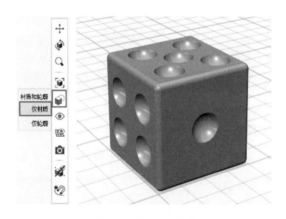

图3-14 只显示物体

7. 上色

单击菜单最右边的"材质",弹出对话框,选择一种材质,再单击物体,物体的材质就变了。如果颜色不喜欢,在右边色盘上再选择,记得勾选"应用"复选框。

◀◀ 提示:上色只是为了美观,对打印丝毫没有影响。记得保存。

8. 小结

本节课通过建模一个骰子来学习切割、矩形阵列、多段线绘制等建模功能和通过上色、倒圆角对模型进行修饰。从中不难想到,为了方便建模往往需要做辅助线、面等。多尝试不同的方法和练习,深入了解建模软件。

16

第四课　设计一只马克杯

一、任务导航

马克杯是从英文 mug 而来的，mug 指的就是有柄的杯子。中文以 mug 的音译为"马克杯"。

马克杯是家常杯子的一种,一般用于盛放牛奶、咖啡、茶类等热饮。杯身一般为标准圆柱形或类圆柱形,并且杯身的一侧带有把手。把手形状通常为半环。马克杯造型丰富,色彩多样。在达到饮品盛具的基本适用目的的前提下,马克杯身可被设计成动物、植物、动画人物等不同造型,把手也有大环、小环甚至开口环等。家庭常用马克杯一般可以装盛的液体为150～350mL 不等。也有少数大型啤酒马克杯可以装盛 500mL 左右的液体。下面来做一个马克杯的模型,如图 4-1 所示。

图4-1　马克杯

二、小试身手

题目：设计一只马克杯。

建模思路：用圆柱体作为杯身,用圆环作为把手。运用抽壳功能将圆柱体挖空并将其与圆环合并;为了美观,对其杯子倒圆角及上色。

建模物体：圆柱（杯身）、圆环（把手）。

建模工具：切割、倒圆角、抽壳。

1. 基本几何体的放置

选择一个大小合适的圆柱和圆环放于工作台上。注意：把它们的圆形放在同一条直线上,如图 4-2 所示。

2. 物体拼接

小明："老师,圆环是躺着的,怎么让它立起来呢?"

老师："使用'全方位移动物体'工具。"

单击圆环,下面弹出快捷菜单,单击"移动"按钮,如图 4-3 所示。

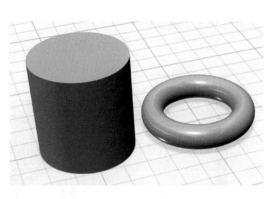

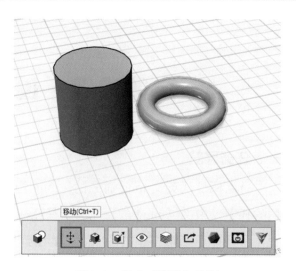

图4-2 将圆柱和圆环的圆形放在同一条直线上　　　　图4-3 单击"移动"按钮

出现 X、Y、Z 3 个方向移动箭头和 3 个旋转面,拖动 X 轴旋转面,转动 90°（或拖动后在旁边文本框中输入 90,如图 4-4 所示。

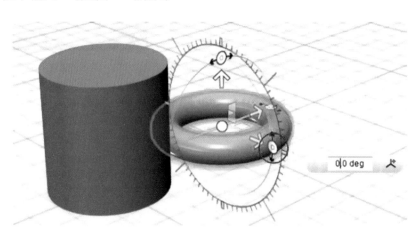

图4-4 转动物体

通过右键的拖动来改变视图角度观察,拖动圆环上的箭头移动圆环往杯子上靠并嵌入杯子。从多个角度观察并调整把手位置,如图 4-5 所示。

小明:"老师,把手有点大,怎么办?"

老师:"使用'缩放'工具,按比例缩小。"

单击圆环,弹出快捷菜单,单击"缩放"按钮,如图 4-6 所示。

拖动白色箭头缩小到合适大小。如果圆环离开了圆柱,可用"移动"工具拖回去,反复调整,完成想要的造型,如图 4-7 所示。

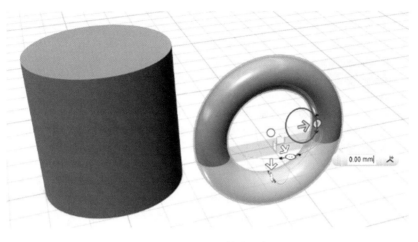

图4-5　移动把手并嵌入杯子

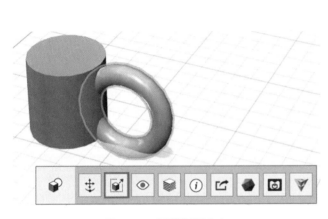

图 4-6　调整杯柄大小

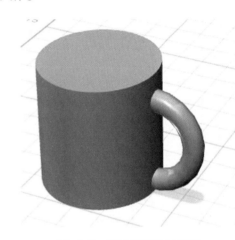

图 4-7　完成杯子主体设计

3. 挖空与组合

小明："老师,杯子的内部是实心的,这不是杯子是锤子。"

老师："现在我们要想办法掏空圆柱,就是要挖掉中间的部分,这就要用到'抽壳'工具。"

"抽壳"工具如图 4-8 所示。

选择"抽壳"工具,然后单击要挖空的面,选择圆柱体的顶面,就能直接把圆柱体挖空,然后在文本框内输入物体内侧厚度(外壳厚度),如图 4-9 所示。

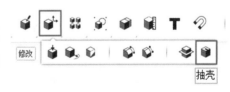

图4-8　使用"抽壳"工具

小明："老师,杯子的里面还有一个把手。"

老师："现在我们要去掉杯子里把手的部分,这就要用到'合并'工具。"

"合并"工具如图 4-10 所示。

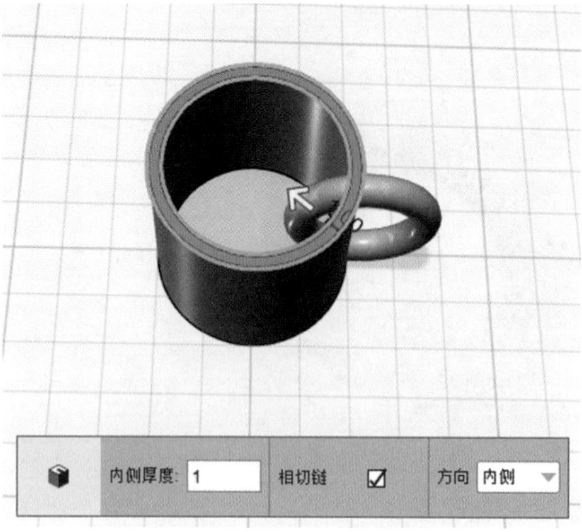

图4-9 输入外壳厚度

图4-10 选择"合并"工具

选择"合并"工具,有以下4个子工具。

合并:两物体合并,相当于数学中的并集。

相减:切割,用一个物体切割另一个物体。

相交:留下两个物体的公共部分,相当于数学中的交集。

分离:分离已经合并的物体。

试一试:

在平面上放进一个正方体和一个球,把球嵌入正方体上部分,分别使用前3个工具,如图4-11所示。

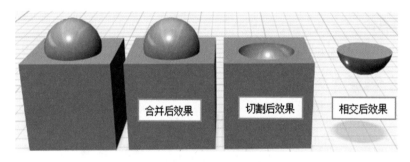

图4-11 "合并"工具应用

4．合并圆柱和圆环

使用第一个合并,分别选择圆柱体和圆环,如图4-12所示。

组合好之后,把手被杯子分成了两部分,可以选中多余的部分然后删除,如图4-13所示。

杯子做好了,但是还不够美观,接下来就对杯子进行修饰。

图4-12 "合并"工具的合并应用

图4-13 选择多余部分删除

5．倒圆角

选择"修改"工具→"倒圆角"工具，对杯口和把手进行倒圆角，它右边的为Chamfer（倒直角），如图4-14所示。

首先选中想要修的边，再拖动白色箭头或者在文本框内输入圆角半径，完成倒圆角。直接设置的杯壁厚度为1mm，那么倒圆角可以输入半径0.5mm，完成后如图4-15所示。

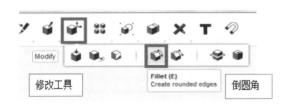

图4-14 "倒圆角"工具

图 4-15 倒圆角后的马克杯

小明："老师，杯子上有很多黑线！"

老师："那是轮廓线，可以隐藏。"

选择右边视图工具显示选项的"仅材质"，如图4-16所示。

6．上色及保存

给马克杯选择好材质和颜色，然后保存。

图4-16　选择"仅材质"

7. 小结

本节课通过建模马克杯,学习分割实体、抽壳和布尔运算功能的使用及移动功能。建模思路为先主后次,先对主要的形状进行绘制,再对细节进行修改和补充。

第五课　刻一个印章

一、任务导航

最初,印章也称印信,只是权力的象征。据《史记》中记载:战国时代,主张合纵抗秦而著称的政治家苏秦曾佩戴过六国相印,证实那时期官吏用印已成为一种制度。近几年来,周秦印章不断出土,更把印章的可靠历史又向前推进了几百年。秦时,秦始皇为了保住皇帝的威望,对印章规定了严格的制度:皇帝的印信称为国玺,大臣的印信称为章或印,各有专称,不能混淆。秦始皇统一中国前,曾夺得赵国的国宝"蓝田玉",即著名的"和氏之璧",并用它制成了有名的传国玺。到汉朝,印章的制作成为一种艺术创作。有的将军死后,他们随身携带的印章也一起埋进墓里,所以现在还能看到相当数量的古代印章。宋朝以后,印章的应用更和书画联系在一起,题款盖印,成为习惯。至今还能看到苏东坡、黄庭坚、宋徽宗等人的许多印章。印章不但是书画艺术的组成部分,而且也能自立一门,作为一种独立的艺术。本节课就来做一个印章吧!如图 5-1 所示。

图5-1　印章

二、小试身手

题目：设计一枚印章。

建模思路：将长方体的上表面切割后，利用文字工具将文字拉伸实体。

建模物体：长方体。

建模工具：拉伸（挤出）、文本、镜像。

1. 制作底座

底座就是一个长方体，长、宽、高分别为 20mm、10mm、20mm。单击"基本体"，在工作台上放一个正方体，然后将正方体修改为长、宽、高分别为 20mm、10mm、20mm 的长方体，如图 5-2 和图 5-3 所示。把长方体放在平台上。

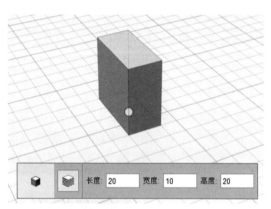

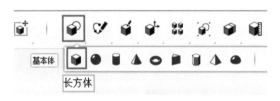

图5-2　基本几何图形库

图5-3　设置长、宽、高

2. 刻边框

现实中刻印章，要先画草图，再画边框、写字，把空白部分挖掉。用 3D 就简单多了：只要把边框和字拉出来就行了。当然，也要画好草图，在 3D 里，学名叫草绘。选择"草图"→"草绘矩形"工具，如图 5-4 所示。

把网格固定在印章的顶面，然后绘制图 5-5 所示的内外两个长方形。

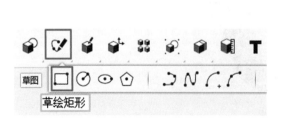

图5-4　草绘矩形

图5-5　在顶面画出长方形

◆◆ 提示：

（1）确定草绘平面后系统会智能地识别出起点和终点，光标靠近时会自动吸附 4 个角。

（2）单击完成草绘后，再单击绿色的 √ 或者按 Enter 键，才会取消草绘模式；否则会继续草绘模式。

（3）草绘完成后，如果不满意，可以拖动草绘 4 条边修改。

3. 把边框拉高

在菜单上选择刚才用过的"构造"→"拉伸"工具，如图 5-6 所示。

选择要拉高的边框中间（如果选不中，可用滚轮放大视图），出现白色箭头，拉高 1mm，或者在文本框中输入 1mm，在空白处单击或按 Enter 键完成挤出，如图 5-7 所示。

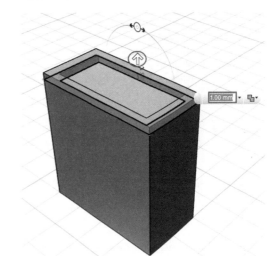

图5-6　选择"拉伸"工具

图5-7　完成挤出边框

4. 刻字

选择主菜单中的"文本"工具，如图 5-8 所示。

在边框里面单击，出现"文本"面板，如图 5-9 所示。

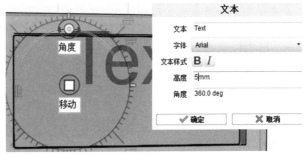

图5-8　选择"文本"工具

图5-9　"文本"工具说明

25

在"文本"框中输入要刻的文字,单击"确定"按钮或按 Enter 键,文字就出现在上面了。

小明:"老师,我的印章上面显示的不是字,是方框。"

老师:"输入的是汉字,默认字体是英文,有些字体不支持汉字,所以,输入中文字时,字体必须选择中文字体才能显示。"

单击右上角视图立方体的顶视图,拖动白色圆点调整位置,调整各项设置,字号为6mm。单击右上角视图立方体的默认视图按钮回到默认视图,用滚轮缩放到合适大小,如图 5-10 所示。

把光标移到文字上并单击,会出现小齿轮(快捷菜单),单击齿轮打开菜单,如图 5-11 所示。

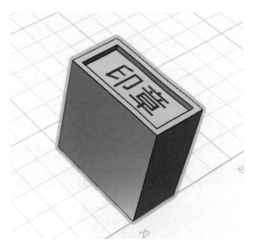

图5-10 调整好文字的位置

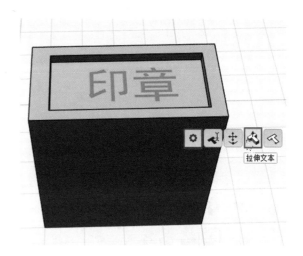

图5-11 打开菜单并选择"拉伸文本"工具

选择"拉伸文本"工具(刻字),拉出 1mm 或者在文本框中输入 1mm,如图 5-12 所示。

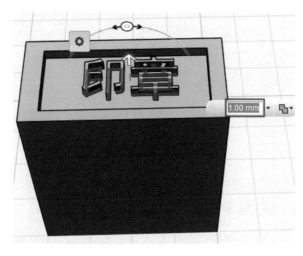

图5-12 拉伸文字

按 Enter 键,字刻好了,如图 5-13 所示。

小明:"老师,无论如何也选不到字怎么办?"

老师:"有两种方法:一是单击文字的边缘,容易选中文字,但成功率不高;二是单击文字,按住不放,出现对象选项。这里出现了鼠标单击部位的所有可能对象,'未知的选择'正是要选的文字。"

"文本"工具的使用技巧如图 5-14 所示。

图5-13　完成拉伸文字

图5-14　"文本"工具使用技巧

小明:"老师,字是反的,怎么回事?"

老师:"我们刻的字是正的,印上去当然是反的。"

镜子里的物体是反的,所以把印章照一下镜子,反一下就可以了。

5.镜像

要镜像就要有镜子,所以得先做一面镜子。在基本几何体中单击"正方体",放在印章的侧面（远近大小都没关系）,如图 5-15 所示。

选择菜单"阵列"→"镜像"工具,如图 5-16 所示。

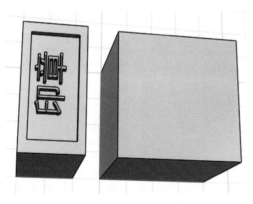
图5-15　用一个实体当镜子

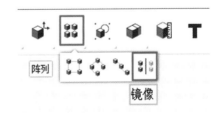
图5-16　选择"镜像"工具

27

出现两个箭头,如图5-17所示。

选中印章整体(注意是整体,四周是绿色的,不是边线或侧面,最好是拖动鼠标框选全部),选择要照镜子的物体。再单击第二个箭头,选择镜面。单击正方体的前侧面,照出来了,如图5-18所示。

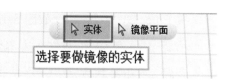

图5-17 选项说明

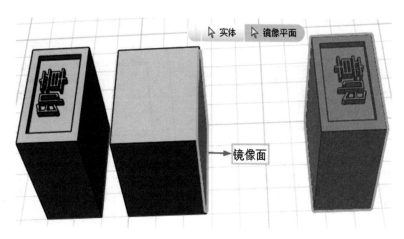

图5-18 镜像操作

小明:"老师,我没照全,只照到印章座!"

老师:"选择物体的时候一定要全选,缺了的部分可以重新补照。"

6. 美化

选择材质和颜色。单击右边工具栏,隐藏轮廓线和草绘。

7. 小结

本节课学习了建模印章,涉及的新功能有拉伸、镜像和文字编辑。建模思路也是先主后次,先做出印章的外观再刻字。建模工程中可以发现一些隐藏的建模技巧,如练习中提到的如何选中字体进行拉伸处理,这些技能也是在练习建模的过程中发现问题并探索求得的。

第六课　做一个收纳盒

一、任务导航

收纳盒也称古董盒，早期是考古队用来存放出土整理后的文物碎片的。这种盒子一般都被严格编号，有大有小，但是大部分都是鞋盒大小（出土的文物一般较重，鞋盒大小所容纳的重量最适合搬运）。现代社会将收纳盒逐渐演变为类似"杂物盒"一类的装东西的盒子。本节课设计的收纳盒如图6-1所示。

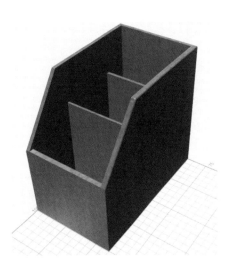

图6-1　收纳盒

二、小试身手

题目：设计一个收纳盒。

建模思路：收纳盒由盒体和隔板构成，首先制作盒体，把盒体的一个斜角切掉，再把切口切平，最好将制作的隔板放置在中间。

建模物体：长方体、三角形。

建模工具：草绘、抽壳、拉伸、投影。

1．设计盒体

选择"草图"→"草图矩形"工具画一个长100mm、宽60mm的底面。设计流程如下：①选择一个工作面；②确定起点；③在对角确定终点。可以用拉伸的方式确定长度，也可以直接输入数字按Enter键确定长度，如图6-2和图6-3所示。

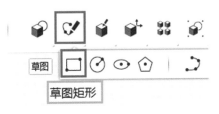

图6-2　选择"草图矩形"

在尝试之后就会发现哪种方法更准确。

小明："老师，怎么让平面图形立体化呢？"

老师："使用挤出工具让平面图形具有厚度。"

选中底面，选择"构造"→"拉伸"工具或者选中矩形之后单击打开齿轮菜单，选择"拉伸"工具，如图6-4和图6-5所示。

拉动箭头或者在文本框中输入数值，将底面拉高90mm，得到一个长方体，如图6-6所示。

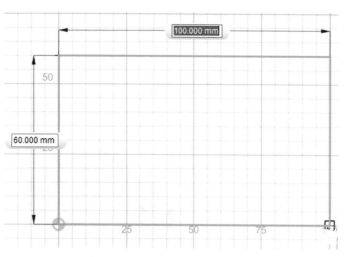

图6-3　确定长方形的长和宽

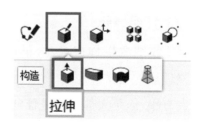

图6-4　选择"拉伸"工具

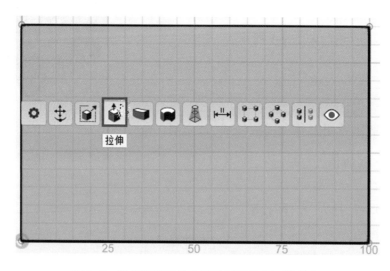

图6-5　选中矩形后单击齿轮工具选择"拉伸"

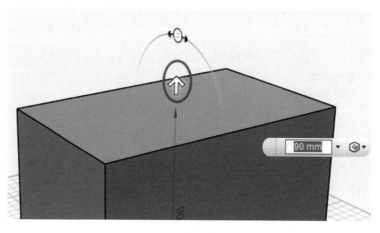

图6-6　拉伸实体

还要把长方体挖空才能得到盒体。选择"修改"→"抽壳"工具,如图6-7所示。
选中要挖空的顶面,在文本框中设定壳的厚度为3mm,如图6-8所示。
这样盒体就做好了。

图6-7 选择"抽壳"工具 　　　图6-8 设定壳的厚度为3mm

2. 切割

把收纳盒右上角切一个三角形的面,操作流程如下。

(1) 在长方体上确定一个工作面。

(2) 在右顶点确定第一个点。

(3) 在文本框中输入30,角度为0°,确定第二个点。

(4) 画好第一条线后,光标移动到右边从上到下40mm处确定第三个点。

(5) 画好第二条线后,从第三个点画线到第一个右顶点,画好第三条线围成一个三角形。

改变视角到物体正面,选择"草图"→"多段线"工具绘制,如图6-9所示,把网格固定在正面,如图6-10所示,画出一个宽30mm、高40mm的三角形(网格上每小格是5mm),如图6-11所示。

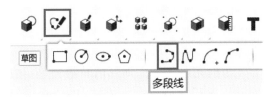

图6-9 选择"多段线"工具

画好后退出草绘模式,选中这个三角形的面,选择齿轮菜单中的"拉伸"工具或者在构建菜单中选择,会出现箭头和文本框,往盒子里面挤,如图6-12所示。

31

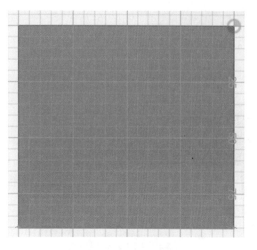

图6-10　确定网格

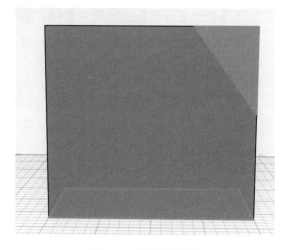

图6-11　画好三角形

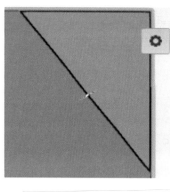

正面

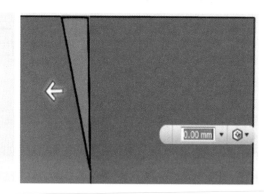

侧面

图6-12　用三角形切割实体

小明："老师,为什么画的三角形没有构成一个封闭的图形?"

老师："在绘制第二条直线前要先选择第一条直线作为基准,再绘制直线。绘制第三条直线也是一样。"

拖动箭头向内60mm,被切掉的部分会变成红色,然后按Enter键确认,如图6-13所示。

切割完后这个三角形的草绘还在,要把它删除或者隐藏,盒体的前壁还是斜的,要把它切平,如图6-14所示。

◆◆ **试一试**:

(1) 选中三角形,打开齿轮菜单,选择最后一项隐藏。

(2) 选中后按Delete键或者按Backspace键删除。

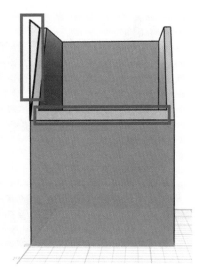

图6-13　完成切割　　　　　　　　　　　图6-14　删除三角形

那么用哪种方法更好呢?

接下来把盒体的前壁倾斜的部分切平,选择"草图"→"投影"工具,如图 6-15 所示。

图6-15　选择"投影"工具

先确定前壁内侧为投影面(把其他物体的影子照到这个面上形成的图形叫作投影),如图 6-16 所示。

分别选中内壁的左右两线、斜面的顶边和底边(可以旋转视角从另一面去选择底边),如图 6-17 所示。

由此围成的长方形大小正好是倾斜面的投影,如图 6-18 所示。

选中围成的面(从投影面上去选,选中面时会全亮显示),如图 6-19 所示。打开齿轮菜单选择"拉伸"工具,往外面推(因为面在内侧,所以往外推才能覆盖斜面),把斜面切割掉,如图 6-20 所示。

然后把草绘的线删除或者隐藏。

3. 做隔板

由于隔板和盒体内侧的宽度相等,选择"草图"→"投影"工具将盒体前壁作为投影面,将后壁板内侧两条边投影在面上,如图 6-21 所示。

33

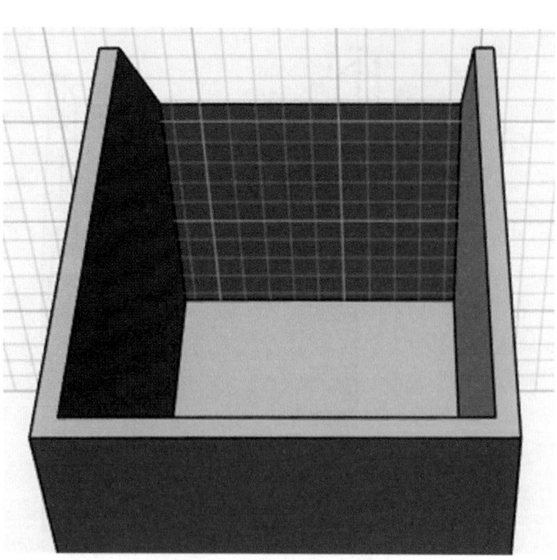

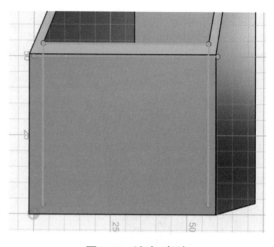

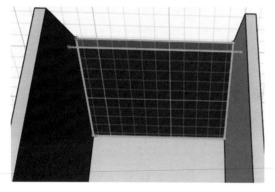

图6-16　确定投影面

图6-17　选中4条边

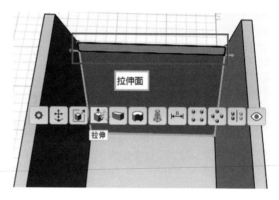

图6-18　得到一个长方形

图6-19　选中长方形

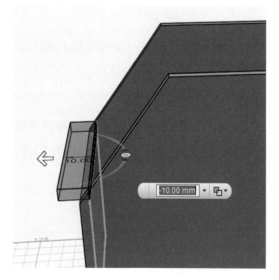

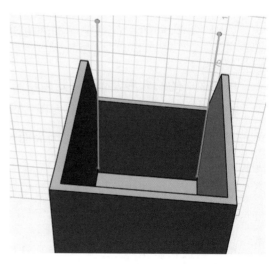

图6-20　切割斜面

图6-21　将后壁两条侧边投影到面上

　　隔板的宽度与盒体内侧相等，都是 54mm，高度设为 60mm，选择"草图"→"草图矩形"工具，以两条绿线为边绘制一个四边形，如图 6-22 所示。

　　选中这个四边形，将其向里移动 38.5mm，然后按 Ctrl+C（复制）组合键、Ctrl+V（粘贴）组合键来复制另一个四边形，并将其向里移动 42.5mm，如图 6-23 所示。

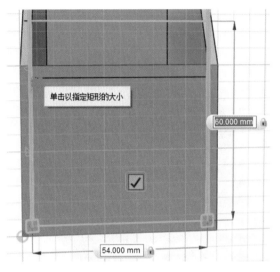

图6-22　绘制长方形

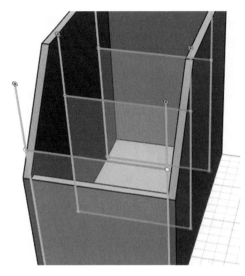

图6-23　复制出两个长方形

　　最后分别选中这个面，用齿轮菜单中的"拉伸"工具使其加厚，前后隔板分别设定厚度为 1.5mm 和 2mm，还要把草绘线段隐藏或者删除，这样收纳盒就做好了，如图 6-24 所示。

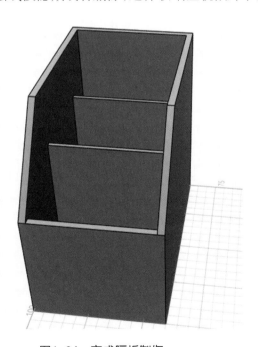

图6-24　完成隔板制作

不过这样的收纳盒有几个角比较尖锐，还需要稍微调整一下。

4．倒圆角

把尖锐的地方进行适当修改，选择"调整"→"倒圆角"工具，选中图中 6 个点，在出现的文本框内输入倒圆角半径为 1mm，如图 6-25 所示。

在视图工具栏中隐藏轮廓线，得到修饰后的收纳盒，如图 6-26 所示。

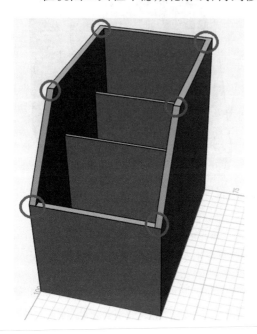

图6-25　倒圆角操作

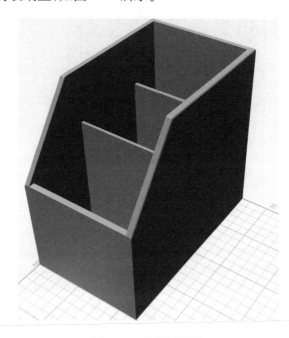

图6-26　隐藏轮廓线

5．上色（可选）和保存

上色并不影响打印出来的实物，只是为了在计算机上看起来美观一些。这样收纳盒就完成了。

6．小结

本节课学习了收纳盒的建模，主要应用的工具有草绘、拉伸、投影和抽壳等。草绘图形可以通过拉伸编辑工具创建为实体，并隐藏不必要的草绘图形，便于选中和创建模型。学会应用投影功能，大大地降低了建模的难度。

第七课　设计一个镂空花瓶

一、任务导航

如今花瓶起源已无从确认，但早在石器时代、陶器时代，当进化中的人类对植物有了认识，并开始利用器皿时，就具有了花瓶的雏形。当时的人类发现了植物、花草具有的食用、药用或观赏功能之后，自然而然地便利用器皿来装、养植物。随着陶瓷工艺的进步，花瓶成为艺术与美的载体，送人花瓶更有"平安"的美好寓意。本节课要设计的花瓶如图 7-1 所示。

二、小试身手

题目：设计一个镂空花瓶。

建模思路：花瓶不是基本几何体，无法直接建模。但它有其自身特点：对称；横截面都是圆；只是大小不同。可是，也不能一个一个去画无数个圆。再仔细观察，发现有几处关键截面：底部、肚子，瓶颈、瓶口。如果能利用这几处做出瓶身就好了。123D Design 正好有一个工具——放样，就是先画出有特点的面，然后将其他工作交给计算机。

图7-1　花瓶

建模物体：圆形、球形。

建模工具：放样、抽壳、阵列。

1. 设计瓶身

选择"基本体"→"圆形"工具，如图 7-2 所示。

◆ 试一试：

（1）画出一个直径为 20mm 的圆形。

（2）单击画出的圆，按 Ctrl+C（复制）组合键、Ctrl+V（粘贴）组合键复制一个圆，并向上移动 20mm。

（难点：注意选择对象圆面而不是圆圈。）

（3）同样，按 Ctrl+C（复制）组合键、Ctrl+V（粘贴）组合键，分别拉高 40mm、60mm 在竖直方向复制出 3 个一样的圆。单击底下第一个圆的边缘，右下角会出现一个小齿轮（快捷菜单），如图 7-3 所示。

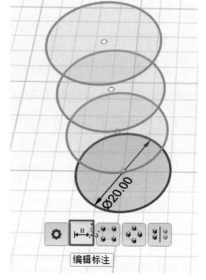

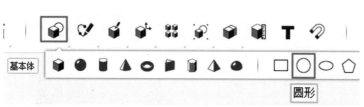

图7-2　选择"圆形"工具

图7-3　复制4个圆并且修好尺寸

选择"编辑标注"命令。

可以尝试用下面的方法修改尺寸。

（1）单击圆的边缘，再把光标从圆外移到圆里。

（2）单击圆的边缘，再把光标从圆里移到圆外。

（3）在直径上单击或数值标注线上单击依次把上面 3 个圆直径设为 30mm、10mm、15mm，或者按比例设定，如图 7-4 所示。

接下来可以使用"放样"工具，把 4 个圆面构建成实体，操作如下。

（1）按住 Shift 键，从下到上依次选中上面 4 个圆面。

（2）选择圆面时光标从边缘慢慢往里移，出现绿色光环时再单击。

（3）小圆很难出现光环，用滚轮放大。

选中后如图 7-5 所示。

接下来选择"构造"→"放样"工具，如图 7-6 所示。

瓶子放样好了，不过是实心的，如图 7-7 所示。

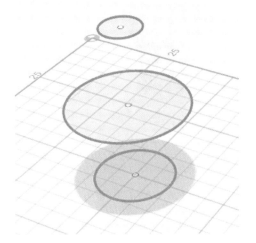

图7-4　设置直径并修好尺寸

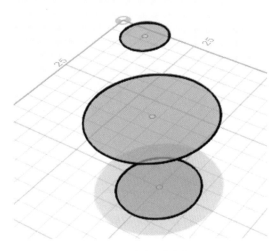

图7-5　选中4个圆面

39

图7-6　选择"构造"工具——放样

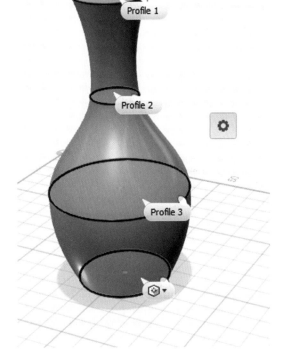

图7-7　放样形成瓶身

2．掏空

选择"修改"→"抽壳"工具，单击最上面的圆面（开口面），如图7-8所示。

在下面的文本框内输入厚度1mm，按Enter键，一个漂亮的瓶子就做好了，如图7-9所示。

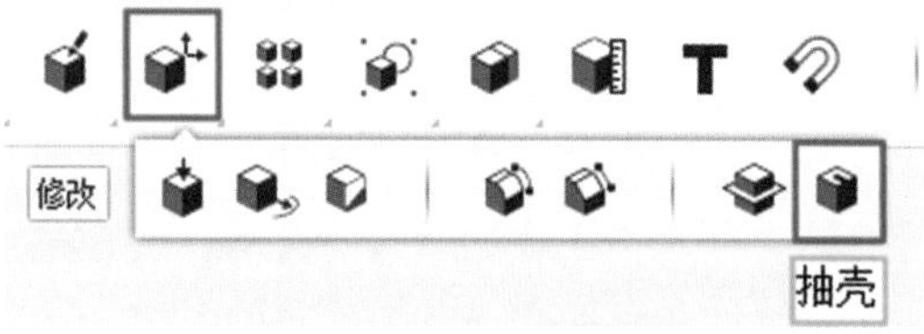

图7-8 选择"抽壳"工具

图7-9 抽壳后的花瓶

3．修饰

选择"修改"→"倒圆角"工具，分别选中瓶口里外边缘，拖动白色箭头，或者在下面的文本框中输入圆角半径为0.5mm，按Enter键，瓶口光滑了，如图7-10所示。

4．装饰

现在，可以在瓶口挖几个洞，可以用球来挖，所以要准备一个球。在基本图形库里拉出一个半径为2mm的球，放在台面上，用"缩放"工具缩小，如图7-11所示。

选中小球，用"移动"工具移到瓶颈上，与瓶相交，从各个角度看看，球是不是镶嵌在瓶子上。选择"合并"→"相减"工具，分别选中瓶子和小球，按Enter键，挖出一个洞，如图7-12所示。

依次挖出10个这样的洞。

小明："老师，这样太慢，洞的分布也不均匀。"

老师："这时我们就要用到一个好工具——阵列。"

图7-10　给瓶口倒圆角

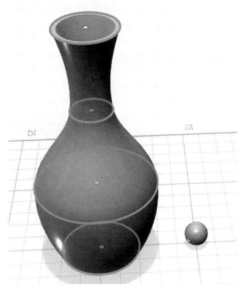

图7-11　设计好球体

图7-12　用球体切割

按"撤销"按钮，先回到切割前。选择"阵列"→"圆形阵列"工具，出现两个箭头，如图 7-13 所示。

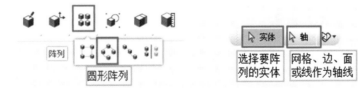

图7-13　选择"圆形阵列"工具后

阵列物就是小球,旋转轴可以选择之前的圆面。每个圆都有一个轴,选中圆就会选择它的轴。单击第一个箭头,选中小球(阵列物体)。再单击第二个箭头,任意单击一个圆(以此圆中心轴为旋转轴),如图7-14所示。

图7-14　圆形阵列

默认会出现3个球,可以在下方的文本框中输入阵列个数,输入4个(孔越少打印作品的瓶口越不易断裂),按Enter键后得到图7-15所示花瓶。

再用切割的办法,用4个小球去切割瓶口,就会出现4个小孔,如图7-16所示。

图7-15　阵列后的花瓶

图7-16　切割后的花瓶

5．上色、隐藏轮廓线

还有4个圆圈,这是开始画的草绘。选中直接删除,或者单击右边视图工具,再选择"隐藏草图"工具,一个漂亮的花瓶就制作完成了,如图7-17所示。

显示实体/网格
隐藏实体/网格
显示草图
隐藏草图

图7-17 "隐藏草图"工具

6. 小结

本节课学习了另一个重要的建模工具——放样,就是定义一系列关键截面,拉出一个物体,对于不规则的物体建模很有用,经常会用到。操作时注意选择技巧和顺序。阵列也是个好工具,使用它能快速地复制出按要求排列的物体,提高建模效率及模型精确度。

第八课 设计一只镂空笔筒

一、 任务导航

笔筒：用陶瓷、竹木等制成的筒形插笔器具。笔筒是搁放毛笔的专用器物，据文献记载，它的材质有镏金、翡翠、紫檀和乌木，现在能够见到的传世器物，大多是用瓷或者是竹木制作的。在古代，笔筒以其艺术个性和较高的文化品位，受到文人墨客的青睐，具有收藏价值。本节课要设计的笔筒如图8-1所示。

二、 小试身手

题目：设计一只笔筒。

建模思路：笔筒和花瓶均有以下特点：对称；横截面都是圆。再利用放样工具就能做出基本形状。再在上面打孔加工一下，就能够做出来了。

建模物体：圆柱。

建模工具：草绘、放样、抽壳、阵列。

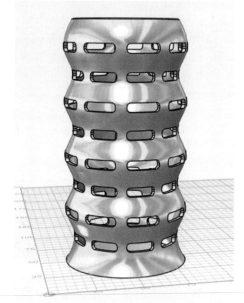

图8-1 镂空笔筒

1. 筒身的制作

选择"草图"→"草绘圆形"工具，如图8-2所示。

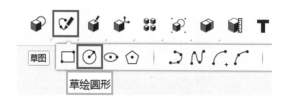

图8-2 "草绘圆形"工具

◆ 试一试：

（1）画出一个直径为70mm的圆。

（2）再在同一平面上画一个直径为60mm的圆，两个圆要同心。

（3）将直径为60mm的圆向上移动15mm。

（4）复制出 5 个直径为 60mm 的圆和 5 个直径为 70mm 的圆,向上交错排布,每个圆间隔 15mm,如图 8-3 所示。

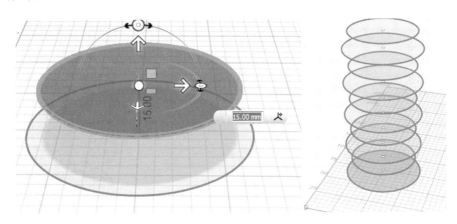

图8-3　画出笔筒的圆面

小明:"老师,为什么将直径 60mm 的圆向上移动时,直径为 70mm 的圆也会一起移动?"

老师:"在画第二个圆时,选择的基准不要在 70mm 的圆内（即不是同一个草图中）。"

使用测量工具检测一下,选择"调整"→"测量"工具,如图 8-4 所示,然后分别选中顶部圆和底部圆,在测量数据框里往下拉,看一下距离是不是 135mm,如图 8-5 所示。

图8-4　选择"测量"工具

接着按住 Shift 键选中所有圆之后,选择"构造"→"放样"工具构建笔筒的形状,完成后如图 8-6 所示。

2.修改外观

（1）选择"修改"→"抽壳"工具,单击顶面,输入厚度为 2mm。

（2）将顶部的边倒圆角,选择"修改"→"倒圆角"工具,单击顶部内侧和外侧的两条边,输入 1mm。

3.设计镂空外壳

为了美观一些,把外壳设计成镂空。单击右上方的 TOP 视角,将视角切换到顶部,然后绘制用来切割开洞的实体。选择"草图"→"多段线"工具,选择笔筒之外的地方作为工作面,从圆心画一条长 75mm 的直线,如图 8-7 所示。

然后选择"草图"→"两点圆弧"工具,绘制弧形,如图 8-8 所示。

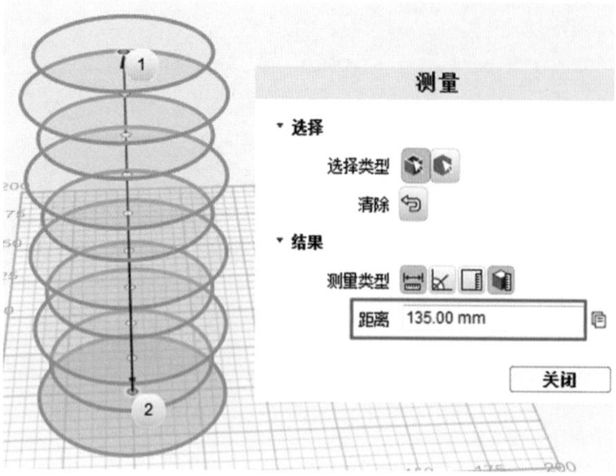

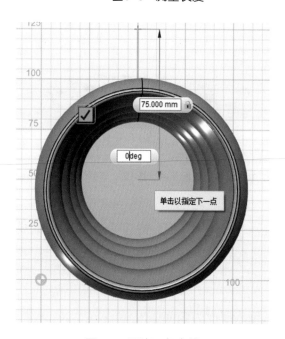

图8-5　测量长度

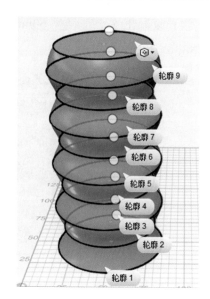

图8-6　完成笔筒主体

图8-7　画出一条直线

图8-8　选择"两点弧线"工具

单击之后,选择直线作为工作面,如图 8-9 所示。

从圆心到直线的另一端作为弧形的绘制起点（圆心选不到可以翻到底面去选）,输入绘制的弧度为30°,如图 8-10 所示。

接着用"多段线"工具把另一条直线画好将图形围成扇形,绘制直线时也要单击圆弧或者使直线确保画在同一个面上,如图 8-11 所示。

之后,选中扇形面,将它向上移动 12.5mm,再用"拉伸"工具将其增厚 5mm,"拉伸"的默认选项是"切削",将其改为"新建实体",如图 8-12 所示。

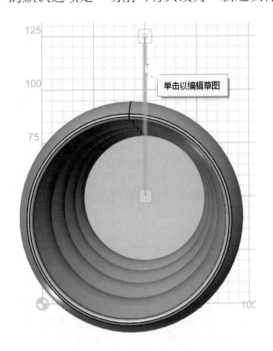

图8-9　选择直线作为工作面

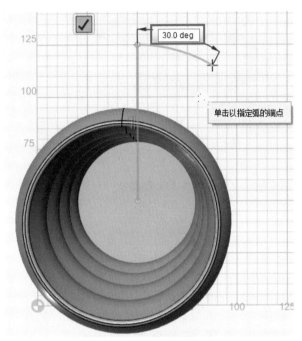

图8-10　绘制弧线

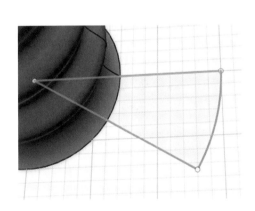

图8-11　围成扇形

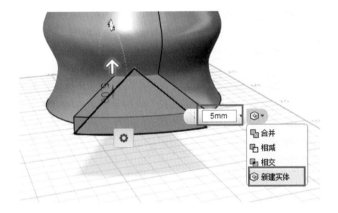

图8-12　拉伸扇形面

为了切出圆润的洞,用"倒圆角"工具将切割体的 4 条边倒半径为 2mm 的圆角,如图 8-13 所示。

接着选择"阵列"→"圆形阵列"工具,如图 8-14 所示。

第一个选项选择切割体,第二个选项选择实体外周圆弧的边,如图 8-15 所示。

按 Enter 键,得到 9 个切割体,如图 8-16 所示。

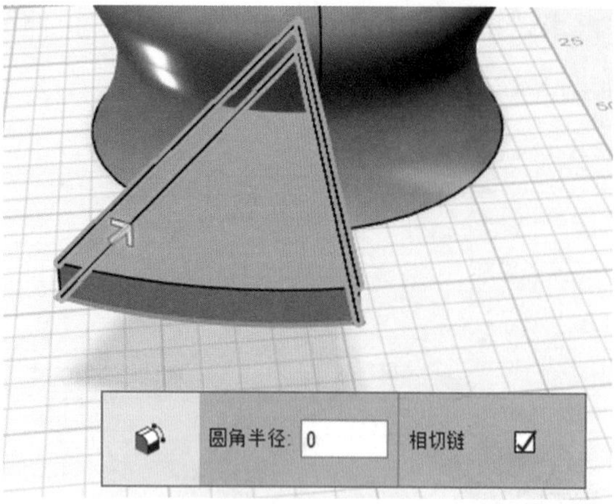

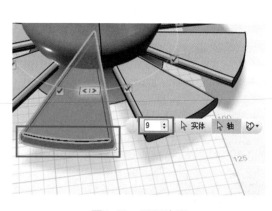

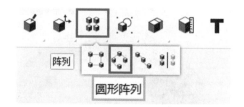

图8-13　倒圆角

图8-14　选择"圆形阵列"工具

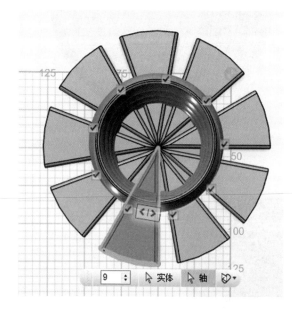

图8-15　圆形阵列

图8-16　得到圆形阵列图

　　垂直方向上的切割实物还没有,需要用矩形阵列,沿着上下方向做出 8 个,总距离为 105mm。可以在旁边放置一个方块,将竖直方向的边作为矩形阵列所需的辅助线,如图 8-17 所示。

　　接下来用"合并"→"相减"工具切割出镂空外壳,这样笔筒就制作完成了,如图 8-18 所示。

4. 上色及保存

　　这一步并不影响打印出来的实体,只是为了让模型美观一些,可以自由发挥。

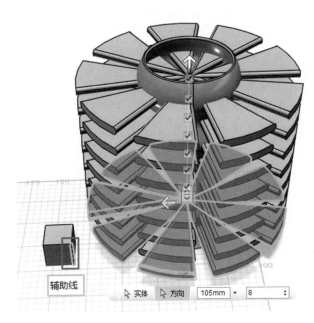

辅助线

▶实体 ▶方向 105mm ▼ 8 ▲▼

图8-17 矩形阵列

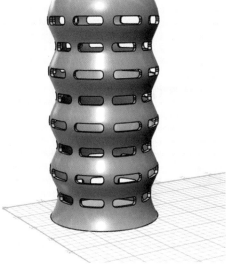

图8-18 设计好的笔筒

5．小结

本节课学习了建模笔筒,不难发现,使用的功能和建模花瓶是类似的。有一点需要学习:对扇形体先进行圆形阵列,再通过做辅助线进行矩形阵列。

49

第九课 设计一只艺术笔筒

一、任务导航

3D 建模设计最重要的是要有创造性与艺术性。要注意的有两点：首先是实现功能，这一点毫无疑问，其次就是释放我们想象的空间了。实现功能的载体不一定是几何体。如本节课要设计的艺术性笔筒，如图9-1 所示。

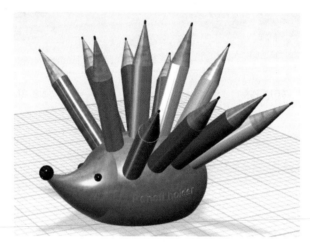

图9-1 艺术性笔筒

二、小试身手

题目：设计一只刺猬笔筒。

建模思路：主要可以分为三个部分进行设计。①设计刺猬身体可以用小球放大，拉长实现；②设计刺猬头可以用放样实现；③设计笔孔时先做好笔，再用笔去切身体。

建模物体：圆柱、圆锥、球体。

建模工具：群组、直线阵列、放样、捕捉、相减。

1. 设计刺猬身体

需要一个椭球体作为身体。椭球体制作可按以下方法：做一个半径为20mm 的球体。然后使用缩放工具，用"非等比"缩放进行修改，在 Y 轴方向放大 1.5 倍，如图 9-2 所示。

把身体的前端切平用于和头部的衔接。放入一个正方体，用"缩放"工具调整到合适大小。用"移动"工具把正方体放在身体的前部并相交，如图 9-3 所示。

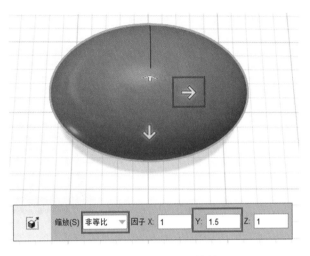

图9-2　"非等比"缩放

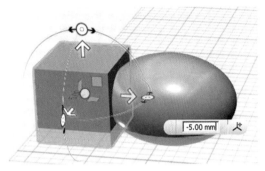

图9-3　用正方体与椭球体相交

接下来可以使用"相减"工具，用正方体去切割椭球体。有一部分在工作面以下，看起来不舒服，用"移动"工具拉上来，如图9-4所示。

2. 设计刺猬头

设计刺猬头用"放样"工具，先要准备3个圆面，刚才切出来了一个，还要准备两个。选择"草图"→"草绘圆形"工具后，选择要画圆的工作面，如图9-5所示。

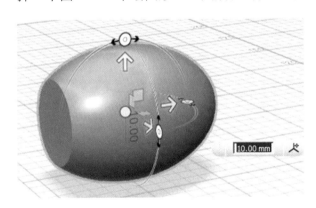

图9-4　用"移动"工具把主体移到平面上

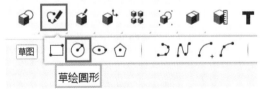

图9-5　选择"草绘圆形"工具

接下来系统等待确定要放置圆的面。如果在工作平面上，这个圆就平躺在工作平面上。请在身体切出的圆面上单击，以告诉系统要在这上面画圆。拉出一个圆，如图9-6所示。

单击右上方视图小立方上的小屋（默认视图）。单击刚才画的圆，按Ctrl+C组合键、Ctrl+V组合键复制一个圆，这时会出现移动箭头，往左移一点。用同样的办法，把复制出来的圆再复制一个，往左移一点，如图9-7所示。

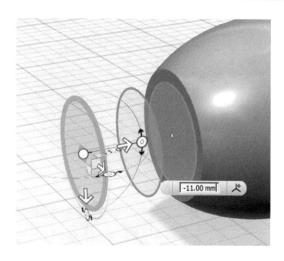

图9-6　选择圆面作为网格面　　　　　　　　　　图9-7　移动圆形

直接拖动圆边缘，把第二个小圆缩小一点，第三个圆缩得很小（嘴部）。用"移动"工具分别把第二个圆移上一些、第三个圆移下一些，同时把第二个圆转动约10°、第三个圆转动约30°，如图9-8所示。

选中身体上切出的圆面，按Shift键，再分别选中另外两个圆，选择"放样"工具，如图9-9所示。

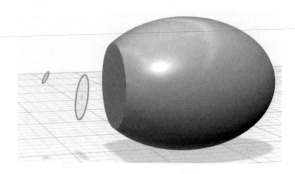

图9-8　转移圆形

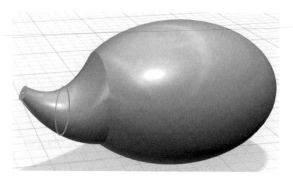

图9-9　放样形成刺猬头

◀◀◆　提示：一定要选中圆面而不是圆圈！光标移过去有绿环，中间变蓝色才是选中圆面，小圆要放大才能选中。

3. 设计刺猬鼻子和眼睛

从基本几何体拉出一个小球，按Ctrl+C组合键、Ctrl+V组合键复制两个作为眼睛，用"移动"和"缩放"工具放到合适的位置，把上面两个圆圈删除。完成后如图9-10所示。

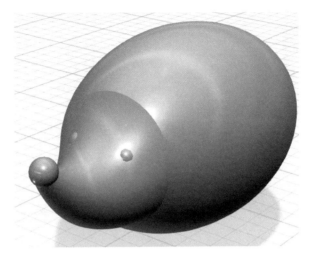

图9-10　设计好鼻子和眼睛

4．设计笔孔

笔筒是圆柱形的,可以用圆柱和刺猬身体重合后切割制作。选择"草图"→"草绘圆形"工具,再选择工作平台为草图平面,绘制一个直径为 10mm 的圆形,如图 9-11 所示。

单击圆,用出现的快捷菜单中选择"拉伸"工具,拉高 60mm,如图 9-12 所示。

图9-11　草绘一个圆

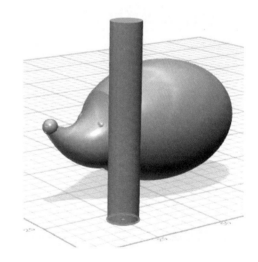

图9-12　制作一个圆柱

预留 10mm 作为笔筒的下底厚度,所以把笔移到身体的正中,需要再抬高 10mm,如图 9-13 所示。

复制两个,分别移到两边,并旋转 20°,如图 9-14 所示。

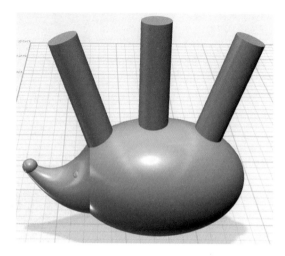

图9-13 定好圆柱的位置　　　　　　　　图9-14 制作出3个圆柱

小明："老师，要把三支笔复制并放在左、右两边，一个一个复制太麻烦了，有没有快捷的方法？"

老师："用分组工具，把三支笔组合成一个整体后再复制。"

如图 9-15 所示。单击"分组"工具中第一个分组，再依次单击 3 支笔，在空白处单击或按 Enter 键，3 个就绑在一起了，可以当一个物体移动。单击刚组合的物体，复制两份，分别移到前后，并旋转 20°，完成后如图 9-16 所示。

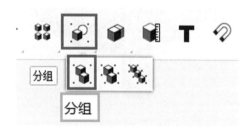

图9-15 选择"组合"工具　　　　　　　图9-16 复制出两组

现在要打孔了，就是用笔去切割笔身，切割完笔也不见了。为了实现插笔的效果，可以先把笔复制一份移到旁边备用。移到右边 100mm 处备用，如图 9-17 所示。

然后切割。选择"合并"→"相减"工具，先单击被切割物体，再依次单击所有笔，按 Enter 键后完成，如图 9-18 所示。

图9-17　复制出备用的3组圆柱

小明："老师,我做完了!"

老师："不一定!你想过没有,刺猬底部是圆的,根本站不住!还要把底部切平。"

5. 把底面切平

在桌面画个长方形,挤出成长方体,移到身体下面。切割后的效果如图 9-19 所示。

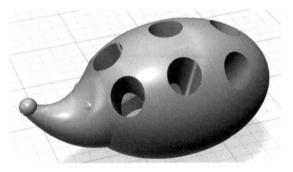

图9-18　切割后的笔筒

图9-19　把底面切平

55

6. 给刺猬笔筒刻字

接下来要把作者的名字贴在作品上,不过,如何在曲面上贴字呢?123D Design 不能直接在曲面上打字,只能打在平面上。不过,总有变通的办法。可以先在桌面上打字,然后通过旋转竖起来,一个一个移到曲面,并镶进去。所以,拉伸字时要高一点,如图 9-20 所示。

7. 修饰

作品做好了,后面的工作与打印无关,但可以提升作品的艺术性。把笔移回孔里,然后做笔头、笔尖。设计笔头时,先在桌面草绘一个 10mm 直径的圆;复制一个,拉高 10mm;拖动上面的圆圈把直径缩小为 2mm;用"放样"工具做成圆台,如图 9-21 所示。

图9-20　把字嵌进身体并拉伸

图9-21　制作笔头

接下来给笔头装一个笔尖：单击菜单基本几何体工具中的圆柱体，设置半径为1mm，高度为3mm，如图9-22所示。

要把笔尖放到笔头上，可以使用"吸附"工具，如图9-23所示。

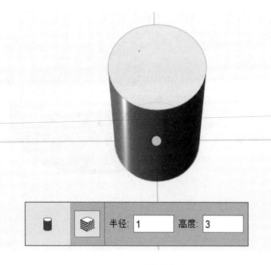

图9-22　设计笔尖

图9-23　选择"吸附"工具

吸附操作如下：选择"吸附"工具，单击被吸物体（铁碎）的一个面，再单击目标物体（磁铁），第一个物体就跳上去了。（注意顺序）吸附后如图9-24所示。

为了方便地一次复制笔头笔尖，先把它们组合。接下来要做9个笔头放在笔上，吸附时为了更加方便找到它的底面，把组合后的笔头通过"移动""旋转"工具倒过来，如图9-25所示。

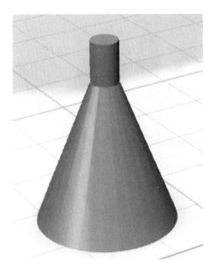

图9-24 吸附后效果

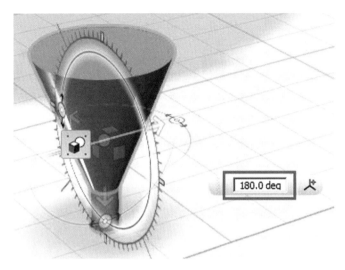

图9-25 把笔头倒过来

笔有9支,一个一个复制笔头有点慢,这里用"路径阵列"工具,如图9-26所示。

操作流程如下。

(1)用"草图"工具中的"多段线"绘制一条直线。

(2)选择"直线阵列"工具。

(3)先选组合的笔头作为阵列物体。

(4)再选画出的直线。

(5)拖动左边尖括号修改复制个数为9。

(6)拖动箭头改变摆放距离。

结果如图9-27所示。

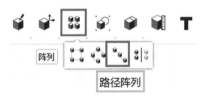

图9-26 选择"路径阵列"工具

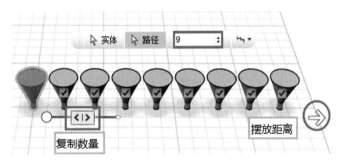

图9-27 直线阵列出9个笔头

好了,现在把笔头一个一个用磁铁吸到笔上,如图9-28所示。

最后隐藏轮廓线、草绘线并上色,如图9-29所示。

57

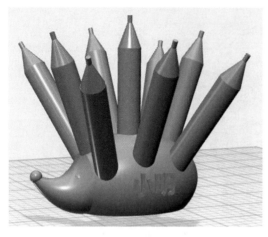

图9-28 把笔头吸附上

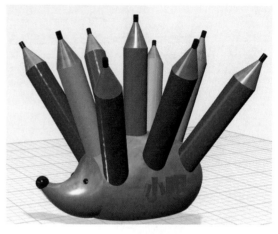

图9-29 完成后的笔筒

8. 小结

本节课学习了建模刺猬笔筒,相对而言,建模步骤比较多,工作繁杂。对模型进行拆分可以发现使用的功能也是放样、草绘、布尔运算、文字编辑等。吸附功能能够准确地将两个实体进行拼接,减少移动功能带来的大量工作和不确定性。文字不能在曲面上单独编辑,但可以在平面上进行编辑,创建为实体,再用曲面实体进行布尔运算,求得所需的外观。

第十课 设计一盏台灯

一、任务导航

台灯是灯的一种，此电器主要放置在写字台或餐桌上，以供照明之用，为可移动式灯具。台灯的光亮照射范围相对比较小和集中，因而不会影响整个房间的光线，作用局限在台灯周围，便于阅读、学习，节省能源。本节课设计的台灯如图 10-1 所示。

二、小试身手

题目：设计一盏台灯。

建模思路：台灯外观由底座、支架和灯罩构成，底座由圆柱体倒角得到，支架需要通过扫描得到，灯罩通过旋转得到，组合通过捕捉工具来实现。

建模物体：圆柱、圆环。

建模工具：扫掠、旋转、样条曲线、捕捉。

图10-1 台灯

1. 设计底座

在基本几何图形库里拖出一个圆柱体，设置半径为 20mm，高度为 15mm。由于底座是半球形，可以使用"倒圆角"工具将顶部的轮廓倒圆角，可以直接输入半径为 15mm，得到图 10-2 所示底座。

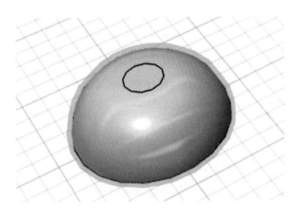

图10-2 设计好台灯底座

2．设计支架

支架是曲棍形的，在基本几何图形库里没有这个外观，可以使用"构造"→"扫掠"工具，将一个物体或平面沿着某一路径前进并填充路径。

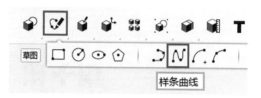

图10-3　选择"样条曲线"工具

在扫掠之前需要先画出扫描的物体和路径，扫掠的物体可以在"草图"→"多段线"工具画一条长50mm的直线，再用"草图"→"样条曲线"工具来画曲线。多段线绘制前面已经讲过，这里不再复述。"样条曲线"工具如图10-3所示。

结合"多段线"工具和"样条曲线"工具试着画出图10-4所示图形。

◀◀◀ **提示**：曲线上的圆点可以帮助"样条曲线"工具确定弯曲程度。

然后再画一个半径为5mm的圆形，并将其立起来放置在直线下面，如图10-5所示。

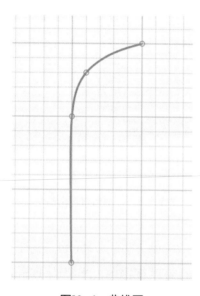

图10-4　曲线图

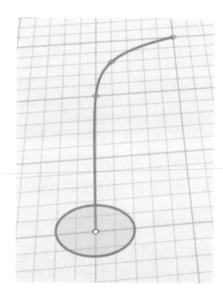

图10-5　曲线

接着就可以使用"扫掠"工具了。"扫掠"工具是构建菜单里的第二个，如图10-6所示。在弹出的选项中，第一项选圆形，第二项选曲线，如图10-7所示。

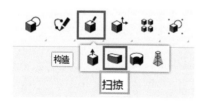

图10-6　选择"扫掠"工具

小明："老师，把支架安装在底座上，直接用移动的方法太麻烦了。"

老师："要利用'捕捉'工具，捕捉的图标是一个磁铁，相当于把两个物体的某两个面吸在了一起。"

利用菜单中的"吸附"工具，选取底座中间的圆和支架底部的圆，如图10-8所示。

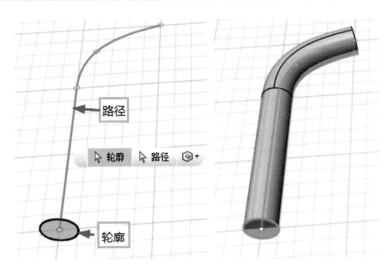

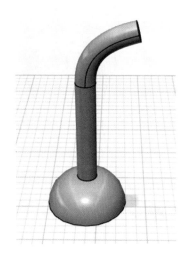

图10-7　扫描操作及完成后的图形　　　　　　　图10-8　完成支架吸附

3．设计灯罩

只需要灯罩的一个侧面的半个切面就可以通过旋转工具将整个灯罩构建出来。先用"多段线"和"样条曲线"工具绘制需要旋转的轮廓和轴,如图 10-9 所示。

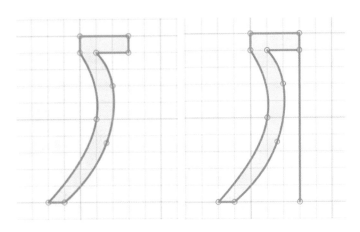

图10-9　设计好灯罩轮廓和轴

然后选择"构造"→"旋转"工具来画出整个灯罩,如图 10-10 所示。

单击之后,第一个选项选择截面,第二个选项选择截面右边的垂线作为旋转轴,输入旋转的角度为 360°,如图 10-11 所示。

把灯罩倒圆角修饰一下,再用"捕捉"工具把灯罩安装上,捕捉完成后发现灯罩是朝上的,需要再修改一下,如图 10-12 所示。

图10-10　选择"旋转"工具

61

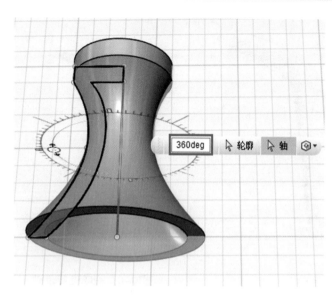

图10-11　通过旋转设计好灯罩

图10-12　捕捉灯罩后的台灯

　　因为两个物体已经被捕捉工具组合在一起了,所以先要对这两个物体解组。选中台灯,然后在成组菜单中选择第二项解除成组,那么灯罩和支架就分开了,如图 10-13 所示。

　　现在可以通过"移动"工具将其旋转,使灯罩朝下,如图 10-14 所示。

图10-13　解除成组

图10-14　调整好灯罩

4．上色和保存

为台灯适当修改一下，涂上自己喜欢的颜色吧！这样台灯就完成了。保存文件，养成好习惯。

5．小结

本节课学习了建模迷你小台灯，主要应用的建模工具有草图、旋转、扫掠、吸附等。扫掠过程是直接调用圆形。需要强调一点，扫掠的轮廓必须是封闭的，否则无法进行扫掠。用吸附功能时，要考虑拼接的两实体是否需要再次调整位置，来决定开关吸附时分组功能。

第十一课　不下雪也能堆雪人

一、任务导航

雪人指用自然雪或人造雪累积，堆砌而成的人形雪堆，在世界各国儿童中广泛流行，是一种特别的娱乐方式。堆雪人是下雪天才能享受的一项有趣的活动。当然雪必须要下得够大，才能积累足够的雪球，气温要够低，才能使积雪不会迅速融化。不过，现在即使不下雪也能堆雪人了，来动手堆一个雪人吧！如图 11-1 所示。

二、小试身手

题目：设计一个雪人。

建模思路：雪人外形由两个雪球和一顶帽子构成，下面的身体是椭圆形的雪球，脑袋是圆形雪球，帽子可以通过放样绘制，眼睛是两个小球，鼻子是一个圆锥，嘴巴通过切割获得。

图11-1　3D建模雪人

建模工具：草图、修剪、球体、圆锥、旋转、放样。

1. 设计雪人身体

雪人的身体是椭球形，可以用旋转的方法构建。在旋转之前需要画好截面和旋转轴，先绘制一个矩形把它立起来，作为参考矩形（这样草绘就可以在参考矩形这个面上绘制），如图 11-2 所示。

选择参考矩形作为工作面，绘制一个椭圆形，如图 11-3 所示。

接下来画一条直线作为椭圆形旋转的轴，如图 11-4 所示。

选择"草图"→"修剪"工具，把椭圆形的另一半剪掉，如图 11-5 所示。

裁剪好了，这个平面就由裁剪线分成两部分，选择不需要的面删除，如图 11-6 所示。

使用"旋转"工具将半个椭圆形旋转 360°得到雪人的身体，如图 11-7 所示。

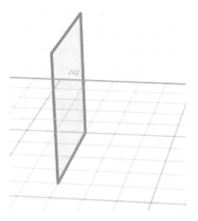

图11-2　绘制参考面

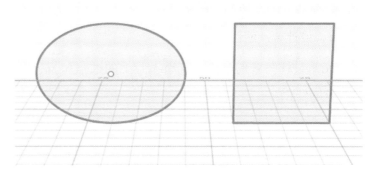

图11-3　绘制截面

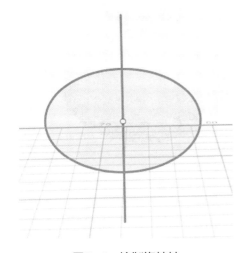

图11-4　绘制旋转轴

图11-5　选择"修剪"工具

65

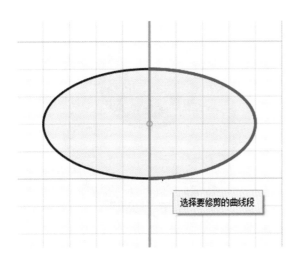

选择要修剪的曲线段

图11-6　删除不需要的平面

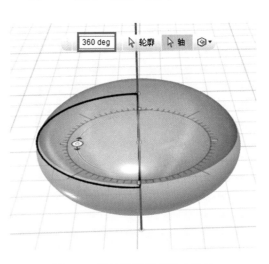

图11-7　旋转椭圆得到雪人身体

2. 设计雪人头部

可以直接将一个球放置在雪人身体上作为头部，如图 11-8 所示。

这样雪人的身体和头部就做好了。

3. 设计雪人面部

先来设计雪人的眼睛。在雪人脸上的适当位置，放两个半径为 1mm 的球体作为眼睛，如图 11-9 所示。

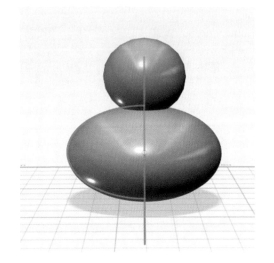

图11-8 设计好雪人头部

图11-9 设计雪人眼睛

复制两个球体放到外面，再把原来的两个小球嵌入球体内部，如图 11-10 所示。

用"相减"工具切出两个眼窝，用"倒圆角"工具适当修改眼窝，如图 11-11 所示。

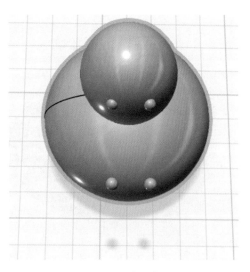

图11-10 设计雪人眼睛

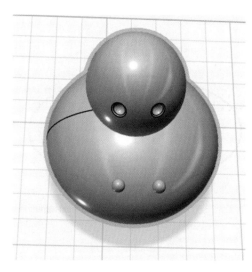

图11-11 修改雪人眼窝

用"捕捉"工具将眼球吸入眼窝,如图 11-12 所示。

接下来用"样条曲线"工具画一个嘴巴的图形,如图 11-13 所示。

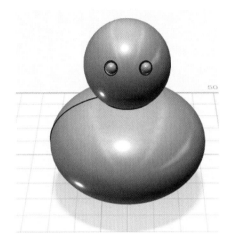

图11-12　设计雪人眼球

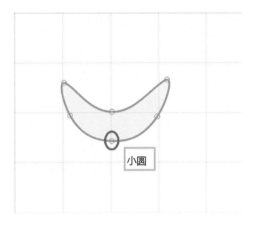

图11-13　设计雪人嘴巴

小明:"老师,草绘时不能很好地画出嘴巴的形状,不满意就得重新画,有别的办法吗?"

老师:"草绘结束后会有小圆圈出现,可以移动小圆圈对图形进行调节。"

将嘴巴移到雪人头部的适当位置,使用构建中的"相减"工具将嘴巴切出,如图 11-14 所示。

放置一个半径为 1mm、高度为 10mm 的圆锥体在雪人脸上适当位置,然后稍稍嵌入雪人脑袋,如图 11-15 所示。

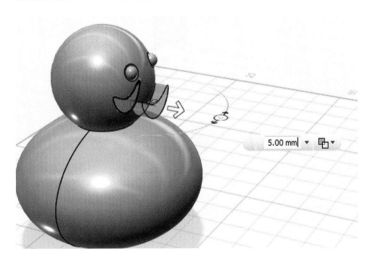

图11-14　设计雪人嘴巴

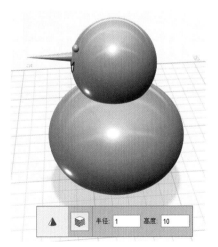

图11-15　设计雪人鼻子

这样雪人的基本形状就做好了,还要为雪人做一些装饰品。

67

4．设计饰品

给雪人设计一顶帽子,操作如下:绘制几个圆,然后调整到适当位置,用"放样"工具构建,如图11-16所示。

使用"放样"工具构建出帽子,如图11-17所示。

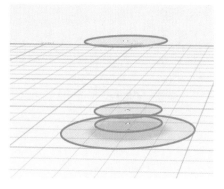

图11-16　设计雪人帽子

图11-17　用"放样"工具构建雪人帽子

把帽子戴上去,如图11-18所示。

这样雪人基本上就画好了,还可以自己制作一些饰品添加上去。

5．上色和保存

发挥自己的想象力来给雪人上色。为了打印方便,为雪人增加一个底座,图11-19是一个参考设计图形。

图11-18　戴上帽子的雪人

图11-19　为雪人增加底座

6．小结

本节课学习了建模雪人,建模过程相对比较简单,但综合应用了多个建模工具对雪人进行构造。草绘建模时一定要注意草绘平面的选取及通过做辅助面来创建草图。

第十二课　设计小猪"扑满"

一、任务导航

储蓄罐过去称为"扑满"，是我国西汉时由民间创制的一种储蓄工具。《西京杂记》记载："扑满者，以土为器，以蓄钱具，其有入窍而无出窍，满则扑之。"这种用黏土做成的封闭式的小瓦罐，只有进口，没有出口，钱币能进而不能出，储满后，只有打碎"扑满"才能取出钱币。要设计的小猪储蓄罐如图 12-1 所示。

图12-1　小猪储蓄罐

二、小试身手

题目：设计一个小猪储蓄罐。

建模思路：小猪储蓄罐由椭圆的球体作为身体，4 个圆柱体作为脚，加上两个小球的眼睛和 3 个椭圆球体组成的鼻子，耳朵由半个圆锥倒圆角获得，在底部抽壳，最后在顶部用一条长方体切割出硬币孔，身上画上星星和月亮的花纹。

建模工具：分割实体、延伸。球体、圆锥、抽壳。

1．设计小猪身体

小猪的身体是椭球形的，可以先放一个球，用"非等比"缩放工具把它变成椭球形，比例为：X：0.8、Y：1.2 、Z：1，如图 12-2 所示。

在椭圆球体底部嵌入一个半径为 15mm 的圆柱体,然后用"相减"工具把底部切平,如图 12-3 所示。

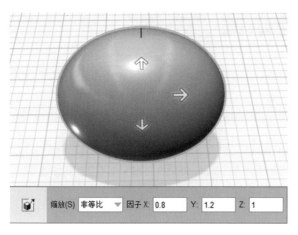

图12-2　设计小猪身体

图12-3　修改小猪身体

2. 设计小猪的脚

小猪的脚类似于圆柱形,可以放上 4 个半径为 5mm 的圆柱体作为脚,如图 12-4 所示。

3. 设计小猪的器官

可以先放一个半径为 5mm 的球,通过"非等比"缩放将其变成椭球形(比例为 X:1.5,Y:1,Z:1)作为鼻子。再放两个半径为 1mm 的球,通过"非等比"缩放将其变成椭球形(比例为 X:1.5, Y:1, Z:1)作为鼻孔。

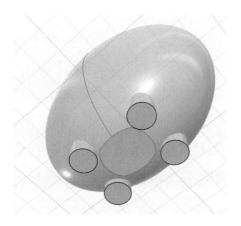

图12-4　设计小猪的脚

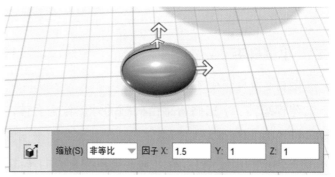

图12-5　设计小猪鼻子

然后把鼻子安装上去,如图 12-6 所示。

小猪的眼睛,眯眯眼显得可爱一点,画两个小球作为眼睛,如图 12-7 所示。

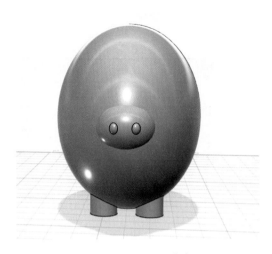

图12-6　安装好小猪鼻子

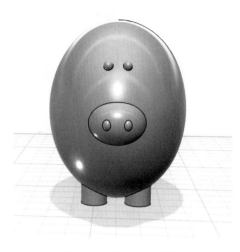

图12-7　设计小猪眼睛

眼睛做好了,接下来做耳朵,先画一个半径为 5mm,高度为 10mm 的圆锥体,如图 12-8 所示。

在圆锥中间画一条直线,如图 12-9 所示。

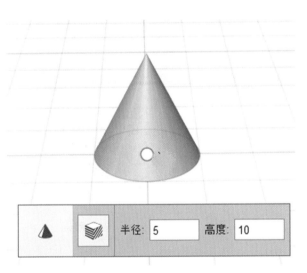

图12-8　设置圆锥

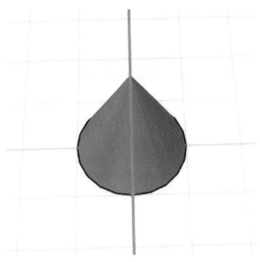

图12-9　沿着圆锥中间画一条线

使用"修改"→"分割实体"工具,如图 12-10 所示。

在弹出的两个选项中,第一项选择物体,第二项选择分割线,如图 12-11 所示。

把切好的圆锥删除一半,把另一半倒圆角再修饰一下,如图 12-12 所示。

接下来把耳朵安装上,如图 12-13 所示。

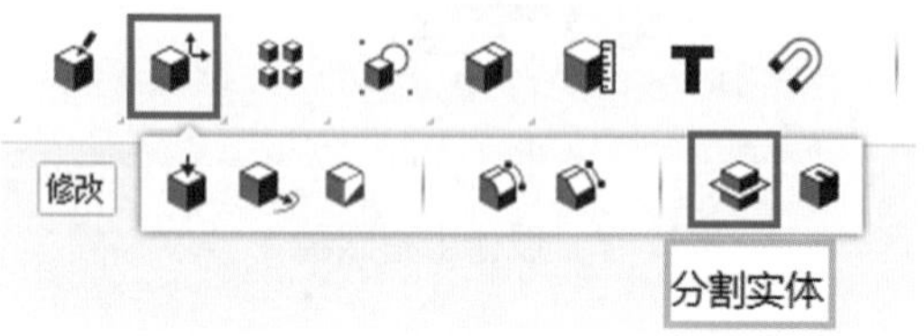

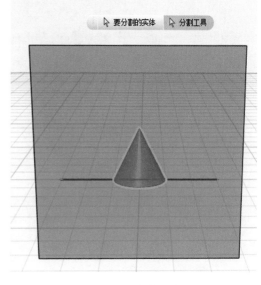

图12-11　实体切割

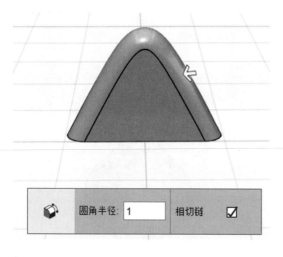

图12-10　"分割实体"工具

图12-12　把耳朵倒圆角

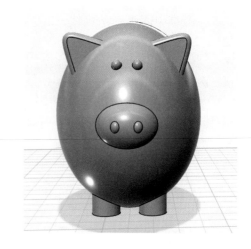

图12-13　安装耳朵

4. 设计小猪尾巴

先画一个主半径为5mm,次半径为1.5mm的圆环,再画一条分割线,然后把圆环切割成两部分,如图 12-14 所示。

用"分割实体"工具分离圆环之后,把其中一半旋转 45°,如图 12-15 所示。

用"捕捉"工具把两个环吸在一起,如图 12-16 所示。

把这个实体复制出另一对,然后用"捕捉"工具再次吸在一起,如图 12-17 所示。

把尾巴的顶端倒圆角修饰一下,倒圆角半径为 1mm,如图 12-18 所示。

把尾巴安装上,如图 12-19 所示。

图12-14 切割圆环

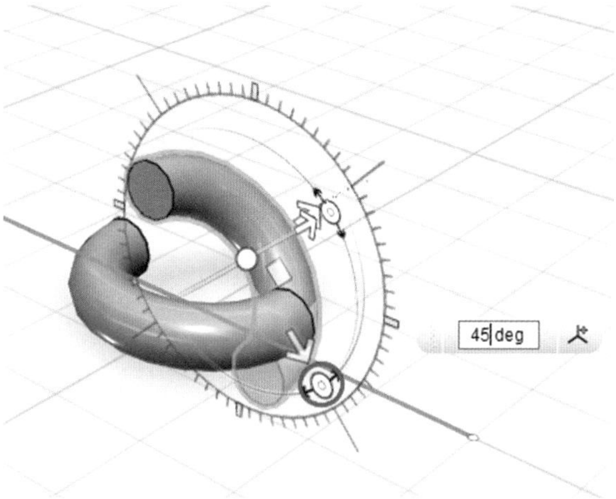

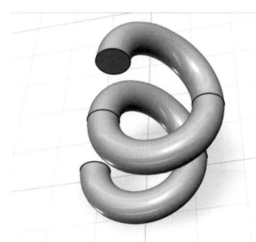

图12-15 调整圆环位置

图12-16 捕捉合并

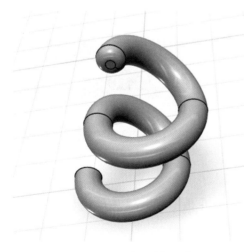

图12-17 再次捕捉合并

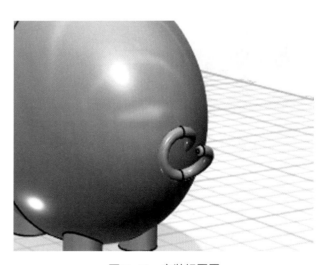

图12-18 对尾巴倒圆角

图12-19 安装好尾巴

73

5. 设计小猪花纹

设计月亮、星星作为小猪的装饰。先草绘一个半径为 5mm 的圆,然后在这个圆上再画一个半径为 4mm 的圆,就可以设计出月亮的形状,如图 12-20 所示。

用"修剪"工具把多余的线剪掉,完成草绘月亮,如图 12-21 所示。

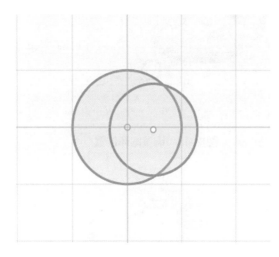

图12-20　草绘月亮

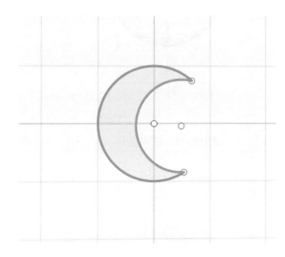

图12-21　草绘好月亮

用"拉伸"工具增加月亮厚度为 3mm,如图 12-22 所示。

然后把月亮嵌在小猪身上,如图 12-23 所示。

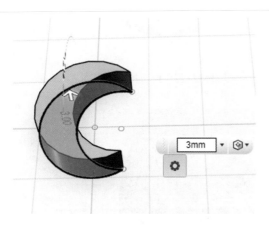

图12-22　把月亮图形拉伸

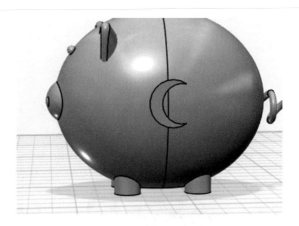

图12-23　月亮嵌入小猪身体

接下来设计星星。

小明:"老师,星星的形状是规则和对称的,用草绘工具画不好且速度很慢,有其他办法吗?"

老师:"可以用草绘多边形工具画出五边形,通过延伸工具,延长每一条边且交会于一

点,再用修剪工具删除多余的线条。"

用"草图"→"多边形"工具画一个五边形,如图 12-24 所示。

单击之后,在工作面上确定中心点,然后修改边数为 5,输入大小为 5mm,如图 12-25 所示。

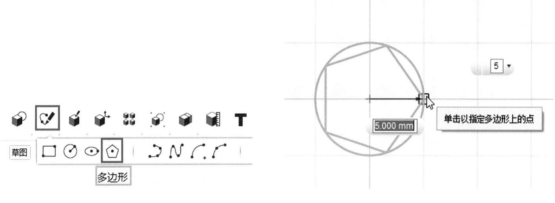

图12-24　选择"多边形"工具　　　　　图12-25　多边形绘制

用"草图"→"延伸"工具把 5 条边向外延伸,构成五角星,如图 12-26 和图 12-27 所示。

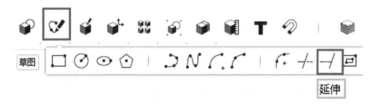

图12-26　选择"延伸"工具

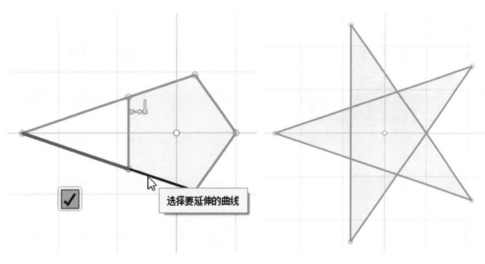

图12-27　绘制出五角星

用"修剪"工具把多余的线剪掉,如图12-28所示。

用"拉伸"工具增加厚度为3mm,如图12-29所示。

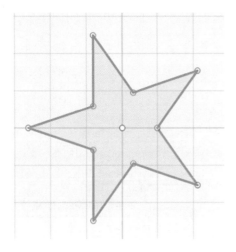

图12-28 剪掉多余的线

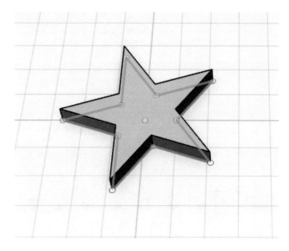

图12-29 把五角星拉伸为立体

最后把星星嵌入小猪内部,如图12-30所示。

6. 打孔抽壳

旋转视角到小猪底部,用"抽壳"工具选择底面,把小猪内部挖空,如图12-31所示。

图12-30 把星星嵌入小猪内部

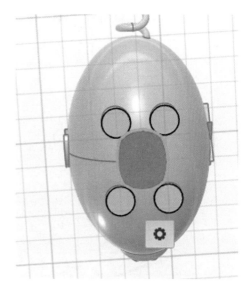

图12-31 对小猪内部抽壳

画一个长 × 宽 × 高 = 30mm×5mm×5mm的长方体,用来在小猪上打孔,如图12-32所示。

把长方体移动到小猪的背上,如图12-33所示。

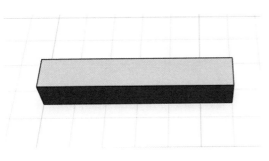

图12-32　设计一个长方体用来打孔

图12-33　把长方体移到小猪背上

用"相减"工具切出硬币孔,如图 12-34 所示。

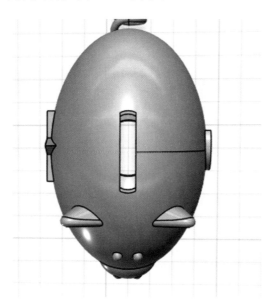

图12-34　切割出硬币孔

这样星月神猪储蓄罐就画好了。

7．上色和保存

自由发挥。

8．小结

本节课学习了建模小猪储蓄罐,综合地应用建模工具,如基本体、分割实体、草图绘制、草绘图形的修改等。星星和月亮的创建过程比较有特色,通过相同或不同的形状之间进行构建而成。

第十三课　送妈妈一双高跟鞋

一、任务导航

15 世纪的一个威尼斯商人娶了一位美丽迷人的女子为妻,商人经常要出门做生意,又担心妻子会外出风流,十分苦恼。一个雨天,他走在街道上,鞋后跟沾了许多泥,因而步履艰难。商人由此受到启发,立刻请人制作了一双后跟很高的鞋子。因为威尼斯是座水城,船是主要的交通工具,商人认为妻子穿上高跟鞋无法在跳板上行走,这样就可以把她困在家里。岂料,他的妻子穿上这双鞋子,感到十分新奇,就由佣人陪伴,上船下船,到处游玩。高跟鞋使她更加婀娜多姿,路见之人都觉得穿上高跟鞋走路姿态太美了,讲求时髦的女士争相效仿,高跟鞋便很快盛行起来了。

为自己的妈妈设计一双高跟鞋吧! 如图 13-1 所示。

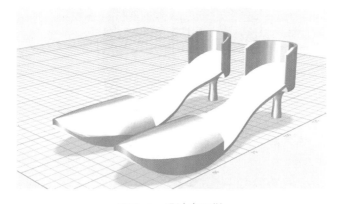

图13-1　设计高跟鞋

二、小试身手

题目:设计一双高跟鞋。

建模思路:高跟鞋由鞋底、鞋面、鞋跟和鞋后套 4 部分组成,先用样条曲线画出鞋的轮廓,然后用"拉伸"工具拉高,再用样条曲线绘制鞋面曲线,用"分割实体"工具分别切开鞋面上、下部分,鞋后跟通过绘制几个圆放样获得,鞋面需要用放样的图形与鞋面上的部分相交获得,鞋后套通过投影鞋后部分拉高之后,切割掉鞋面以下部分,将上面部分挖空获得。

建模工具:分割实体、延伸、放样、拉伸。

1. 设计鞋底

先用"样条曲线"工具绘制鞋底面的轮廓,如图 13-2 所示。

小明:"老师,我画了一半,另外一半怎么不能用镜像做出来?"

老师:"先单击画好的线条,在快捷菜单中选择镜像工具。"

用"拉伸"工具拉出 30mm 的立体,如图 13-3 所示。

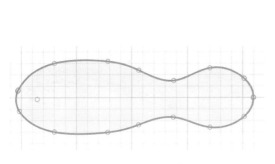

图13-2　草绘鞋底

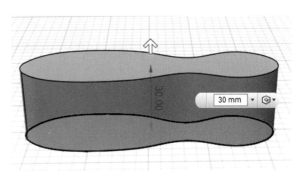

图13-3　把鞋子做成立体

79

画一个立着的矩形作为参考面,用"样条曲线"工具绘制鞋面曲线,如图 13-4 所示。

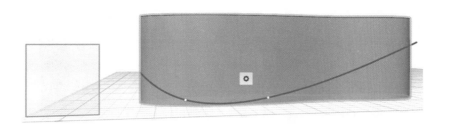

图13-4　在鞋子表面设计好曲线

用"分割实体"工具切割,再把曲线向上移动 3mm,再次进行实体切割,就可以切割出鞋底了,如图 13-5 所示。

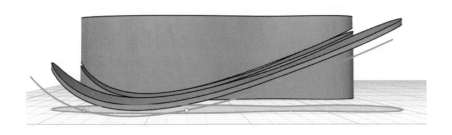

图13-5　切割出鞋底

把没用的实体删除,在鞋子的轮廓线上绘制一条直线,把后半部分作为鞋后跟,如图 13-6 所示。

用"拉伸"工具将鞋后跟部分拉高 25mm 变为立体,在数值框后选择"新建实体",如图 13-7 所示。

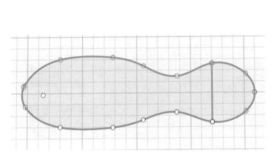

图13-6　设计好鞋后跟草图

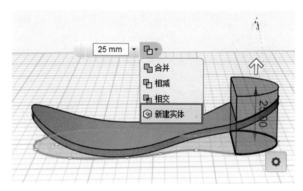

图13-7　设计好鞋后跟

再以前面绘制的平面作为草绘平面,绘制一条直线。用实体分割切除多余部分,如图 13-8 所示。

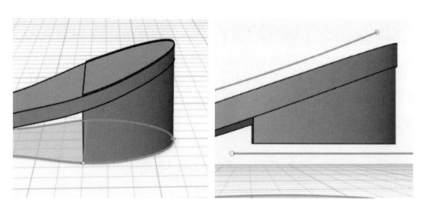

图13-8　修改鞋后跟

使用"修改"→"扭曲"工具,如图 13-9 所示。

单击底面直线,将扭曲工具放置其上,移动箭头将下部分改成斜面,如图 13-10 所示。

接下来要设计鞋跟,鞋跟比较细。先绘制鞋跟的几个圆作为放样的对象,如图 13-11 所示。

用"放样"工具得到如图 13-12 所示鞋跟。

用"倒圆角"工具把这几条边修圆,如图 13-13 所示。

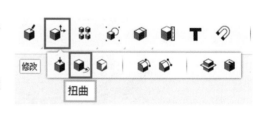

图13-9　选择"扭曲"工具

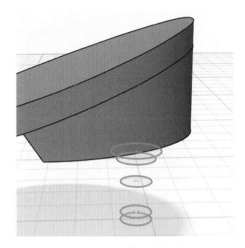

图13-10　选取一条边往里拖动　　　图13-11　画出鞋跟放样的圆

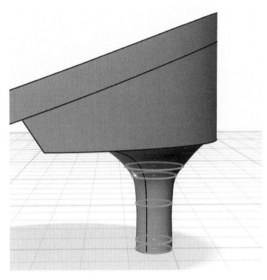

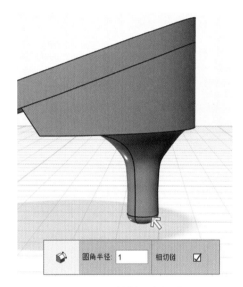

图13-12　放样后的鞋跟　　　图13-13　给鞋跟倒圆角

2. 设计鞋面

以立着的正方形为平面,绘制一个足够宽的半圆放置在鞋子中间朝前一点的上部分余料上,如图 13-14 所示。

复制几个半圆,然后在鞋顶部放置一个圆,如图 13-15 所示。

依次选择这几个半圆,然后使用"放样"工具,选项选择第三项相交(保留重叠部分),如图 13-16 所示。

把切好的鞋面放置在鞋前部,如图 13-17 所示。

将鞋面抽壳,并下移使底部的壳嵌入鞋底,如图 13-18 所示。

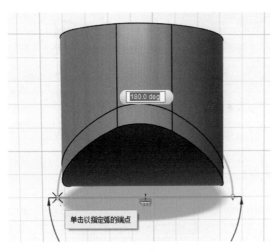

图13-14 绘制平面圆

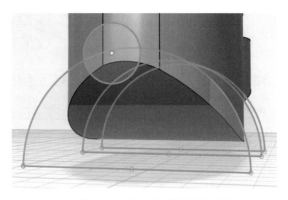

图13-15 复制出几个半圆并在鞋头部绘制一个圆

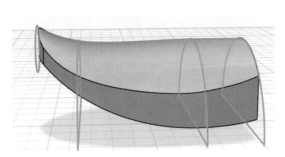

图13-16 放样

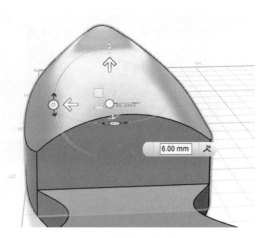

图13-17 放置好鞋前部

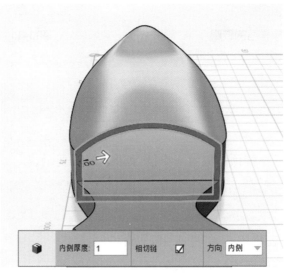

图13-18 将鞋面抽壳

3. 设计鞋后套

先用"投影"工具把鞋后跟投影到平面上,如图 13-19 所示。再用"拉伸"工具把平面拉出一定的高度（选择"新建实体"）,如图 13-20 所示。

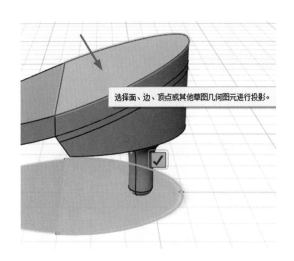

图13-19　投影出鞋后跟平面

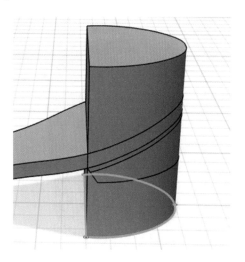

图13-20　构建出鞋后跟实体

用"分割实体"分割多余部分,如图 13-21 所示。

复制一个鞋后套,向鞋尖方向移动一小段距离（为缩放后能够选中）,用"缩放"工具再做一个鞋后套作为切割物,如图 13-22 所示。

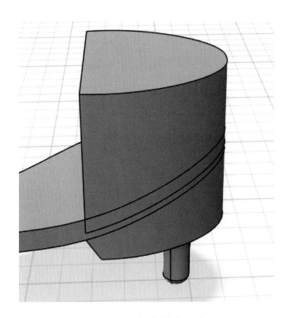

图13-21　切割实体多余部分

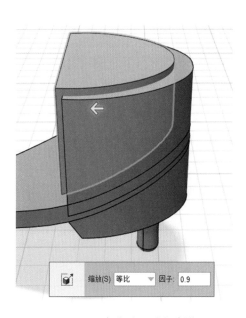

图13-22　复制出一个切割物

83

切割后倒圆角，如图 13-23 所示。

4．镜像复制

利用"镜像"工具复制出另一只鞋，如图 13-24 所示。

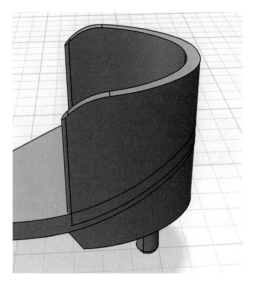

图13-23　倒圆角修饰

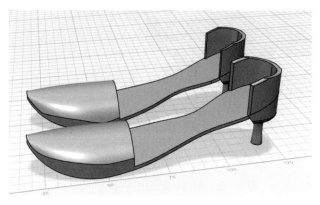

图13-24　镜像出另一只鞋

5．上色及保存

请自由发挥，保存文件。

6．小结

本节课学习了建模设计高跟鞋，鞋子大多都是由曲面构成，因此通常是先草绘图形再对图形进行编辑成实体操作。对鞋面进行放样操作从而得到心仪的曲面不是一两次操作就可以完成的，往往需要多次调整草图的位置，才能放样出更逼真的鞋面曲线。

第十四课　机器人

一、任务导航

机器人是自动控制机器的俗称,自动控制机器包括一切模拟人类行为或思想与模拟其他生物的机械(如机器狗、机器猫等)。狭义上对机器人的定义还有很多分类法及争议,有些计算机程序甚至也被称为机器人。在当代工业中,机器人是指能自动执行任务的人造机器装置,用以取代或协助人类工作。理想中的高仿真机器人是高级整合控制论、机械电子、计算机与人工智能、材料学和仿生学的产物,目前科学界正在向此方向研究开发。本节课设计的机器人如图 14-1 所示。

图14-1　机器人

二、小试身手

题目:设计一个机器人。

建模思路:机器人分为 3 部分,即头部、躯干、四肢。通过观察,头部和躯干可以用旋转来创建,手臂由旋转得到"胶囊"后切割抽壳获得,腿部以小球作为关节、圆柱体作为腿,再用圆柱和半个椭圆作为鞋子完成下肢的设计。

建模工具:分割实体、旋转、镜像、圆柱。

1. 设计机器人头部

先用"多段线"工具画一条长直线作为旋转轴,再用"多段线"和"样条曲线"工具画出头部的轮廓,如图 14-2 所示。

使用"旋转"工具选择轮廓绕直线旋转 360°,如图 14-3 所示。

将得到的图形倒圆角,如图 14-4 所示。

绘制一个长轴为 14mm,短轴为 8mm 的椭圆形当作脸部,如图 14-5 所示。

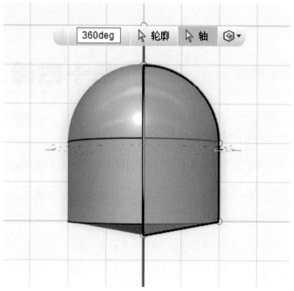

图14-2　设计机器人头部轮廓图及旋转轴　　　　　图14-3　旋转

图14-4　对机器人头部进行倒圆角修饰

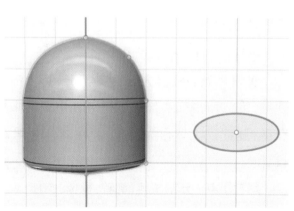

图14-5　设计机器人的脸部

　　移动椭圆的位置用"拉伸"工具将其拉高后穿过头部（没穿过可能无法实体切割），如图 14-6 所示。

　　用"分割实体"工具，选择头部作为切割对象，椭圆柱作为切割体（这样切割的正面、背面都有黑线轮廓，可以把脸抽出来切割为两部分再塞回去，把后脑勺部分与头部结合在一起），如图 14-7 所示。

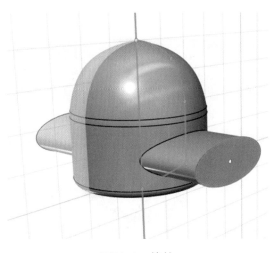

图14-6 拉伸

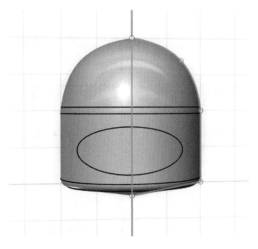

图14-7 分割实体

在头部放两个半径为 1mm 的球体作为眼睛,如图 14-8 所示。

2. 设计机器人躯干

用同样的方法绘制躯干的轮廓,如图 14-9 所示。

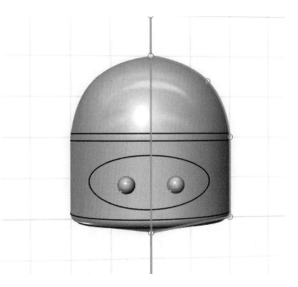

图14-8 在头部放置两个眼睛

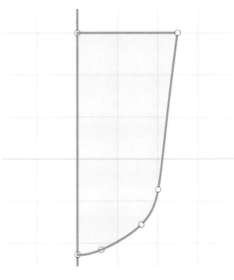

图14-9 绘制躯干轮廓及旋转轴

把躯干轮廓绕轴旋转 360°,如图 14-10 所示。

3. 对躯干倒圆角

圆角半径为 2mm,如图 14-11 所示。

4. 设计机器人的四肢

绘制手臂轮廓,如图 14-12 所示。

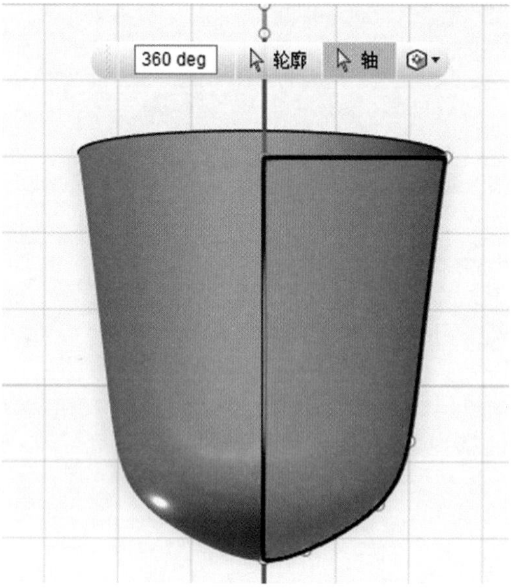

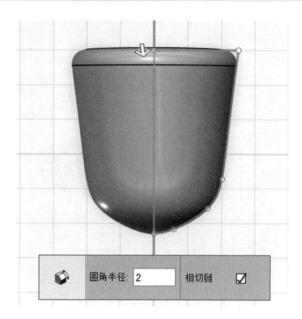

图14-10　绕轴后得到机器人的躯干

图14-11　对躯干倒圆角

小明："老师,像这种比较规则的图形可以一次性绘制出来吗?"

老师："绘制多段线有个小技巧,长按鼠标左键移动可直接绘制出圆弧。"

把手臂轮廓绕轴旋转360°后得到手臂实体,如图14-13所示。

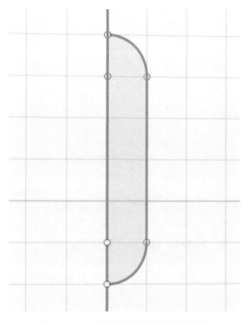

图14-12　绘制手臂轮廓及旋转轴

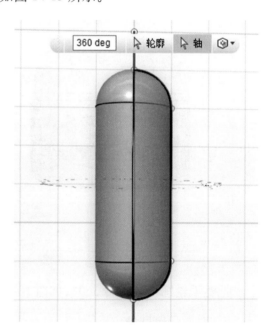

图14-13　得到手臂

用"分割实体"工具切割出一半手臂,如图14-14所示。

把手臂移动到躯干上,如图14-15所示。

88

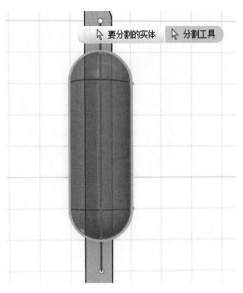

图14-14　分割实体

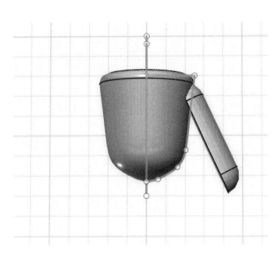

图14-15　安装好手臂

使用镜像复制另一半手臂,如图 14-16 所示。

用半径为 3mm 的小球作为腿部关节,用半径为 2mm,高度为 6mm 的圆柱体作为腿,如图 14-17 所示。

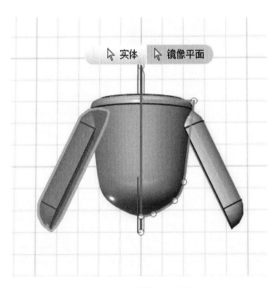

图14-16　镜像出手臂

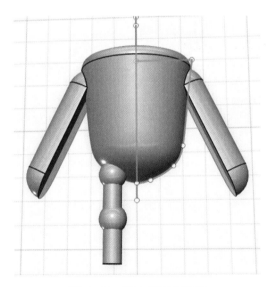

图14-17　设计机器人腿部

设计一个椭球体:画一个半径为 4mm 的球体,用"缩放"工具将其变为椭球体,如图 14-18 所示。

做一个半径为 4mm、高度为 8mm 的圆柱体,将其移动到椭球体上,合并做鞋子,如图 14-19 所示。

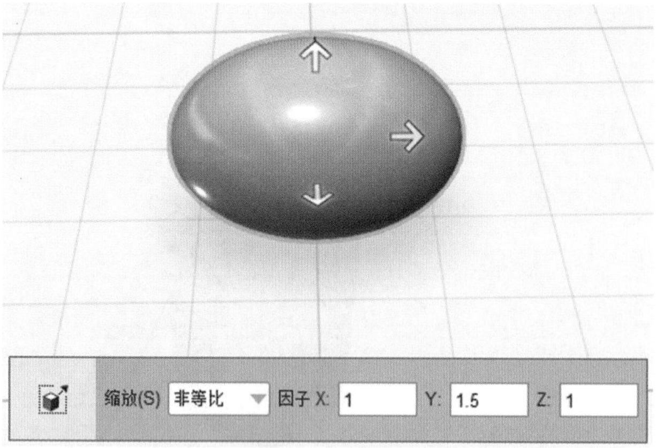

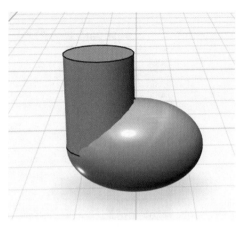

图14-18 做椭球体

图14-19 合并

在底部绘制一个正方体,然后用正方体把下半部分切平,如图 14-20 所示。

用"拉伸"工具把鞋底加厚,如图 14-21 所示。

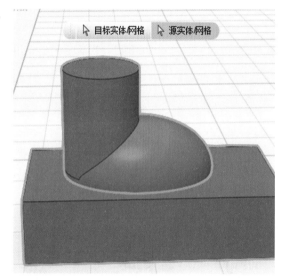

图14-20 把底部切平

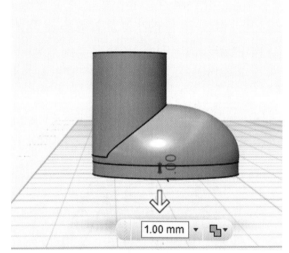

图14-21 加厚鞋底

对鞋子进行倒圆角修饰,圆角半径为 2mm,如图 14-22 所示。

把鞋子安装上,如图 14-23 所示。

用"镜像"工具复制出另一只脚,如图 14-24 所示。

最后把头部安装上(细节部分适当修改一下),如图 14-25 所示。

至此机器人就做完了。

5. 上色及保存

自由发挥,推荐使用黄金瞳以及具有金属光泽的颜色,保存好文件。

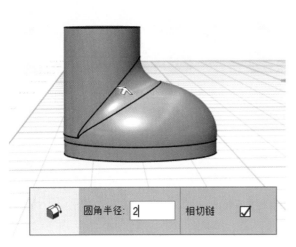

图14-22 把鞋子进行倒圆角

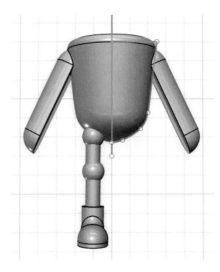

图14-23 安装好鞋子

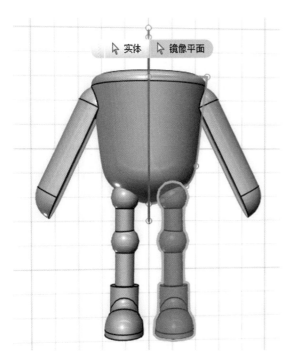

图14-24 镜像出另一只脚

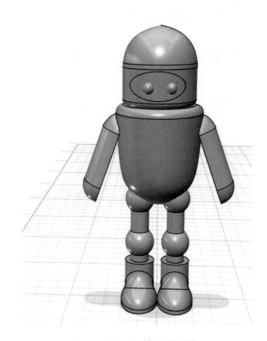

图14-25 组装好机器人

6. 小结

本节课学习了建模机器人,应用到分割实体、旋转、吸附和倒圆角等工具。从样图可以清晰地明白建模思路,机器人是镜像对称的图形,因此可以考虑应用镜像工具简化建模步骤。

91

第十五课　实物制图——羽毛球拍

一、任务导航

羽毛球是一项室内、室外兼顾的运动。依据参与的人数，可以分为单打与双打。羽毛球拍一般由拍头、拍杆、拍柄及拍框与拍杆的接头构成。一只球拍的长度不超过68cm，其中球拍柄与球拍杆长度不超过41cm，拍框长度为28cm、宽为23cm，随着科学技术的发展，球拍的发展向着重量越来越轻、拍框越来越硬、拍杆弹性越来越好的方向发展。本节课要设计的羽毛球拍如图15-1所示。

图15-1　羽毛球拍

二、小试身手

题目：设计一只羽毛球拍。

建模思路：按从下至上，先简单后复杂来构建。

建模工具：综合地应用放样、阵列、分割实体等工具。

1. 设计羽毛球拍底面

羽毛球拍的手柄可以用平面六边形拉伸出实体。

用"多边形"工具绘制一个半径为15mm、边数为6的正六边形，如图15-2所示。

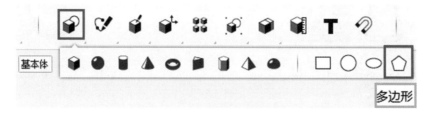

图15-2　选择六边形图形

设置好参数，绘制半径为15mm，边数为6的正方形，如图15-3所示。

将这个六边形用"拉伸"工具拉高155mm，如图15-4所示。

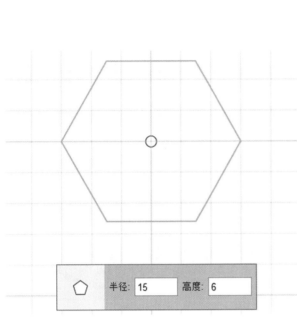

图15-3　设置好六边形的参数

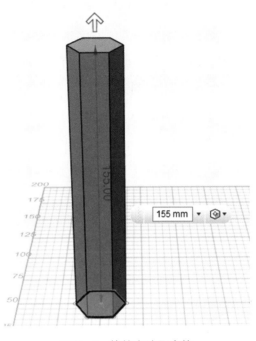

图15-4　拉伸六边形实体

2. 设计支架

可以用"放样"工具构建出支架,将一个半径为4mm的圆置于六边形中心顶面,再向上移动55mm,如图15-5所示。

使用"放样"工具后,分别将这两部分上色,如图15-6所示。

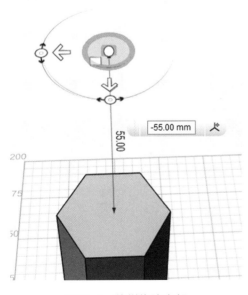

图15-5　放样构建支架

图15-6　上色

93

小明："老师,为什么是一个整体着色,而不能像画图一样分别着色?"

老师："放样时在下拉选项卡中选择新建实体。"

选择顶部,再将圆拉高 195mm,如图 15-7 所示。

接下来设计球柄和圆拍的结合结构,在刚刚设计好的结构顶面绘制一个半径为 10mm 的圆,并将其拉高 20mm,如图 15-8 所示。

图15-7　拉伸球柄

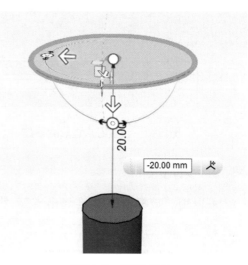

图15-8　绘制出圆

再次使用"放样"工具构建,如图 15-9 所示。

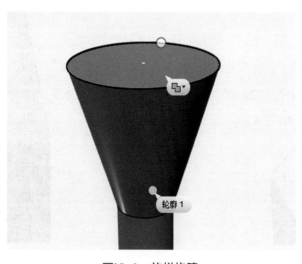

图15-9　放样构建

3. 设计球拍

先画一个半径为120mm、截面半径为5mm的圆环,将圆环中心放置在圆形中心,再用"非等比"缩放工具把宽度放大到0.8倍,如图15-10所示。

将圆环旋转拼接到支架上并上色,如图15-11所示。

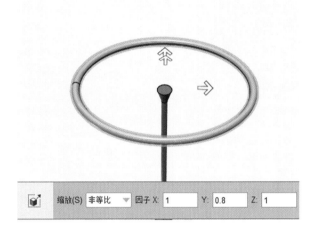

图15-10　绘制一个"非等比"圆环

图15-11　安装好拍面

4. 设计球网

将半径为1mm、长度为240mm的小圆柱按图15-12所示排列,可以用矩形阵列方式设计。

再用"分割实体"工具将羽毛球拍和球网分别切开并删除多余部分(过程中容易闪退,请先保存),如图15-13所示。

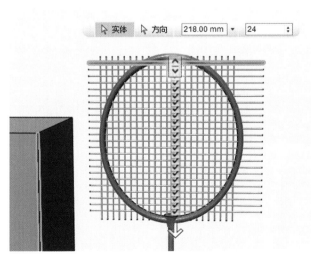

图15-12　设计球网

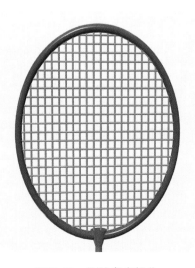

图15-13　删除多余部分

再把球网上色,羽毛球拍就做好了,如图 15-14 所示。

图15-14　设计好的羽毛球拍

5. 小结

本节课学习了羽毛球拍的建模,综合应用放样、阵列、分割实体等工具。总体来说,建模思路是从下至上、先简单后复杂。在使用放样时,往往会忽略选择下拉菜单的选项,后期建模快完成时,发现手柄和杆是一个整体,却不能对其再次单独编辑。球网需要采用阵列工具进行编辑操作,数量较多,软件运算量大,因此要先保存模型再进行分割实体。

附 加 课

做一个卡通人物（1）

参考作品如附图 1 所示。

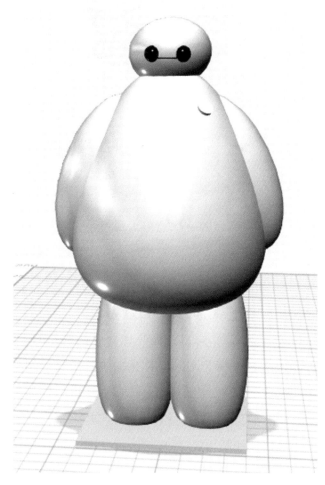

附图1　作品——大白

建模分析：这个作品由头部、躯干、四肢构成，这些部位都可以通过草绘样条曲线画出轮廓，然后旋转获得。两只手臂可以通过分割椭圆形得到，让手臂紧贴躯干降低打印难度，胸部放一个小圆柱代表充气口，头上放两个小球作为眼睛，最后底部放一个小平台便于打印。尝试自行设计。

做一个卡通人物（2）

参考作品如附图2所示。

附图2　作品——机器猫

建模分析：机器猫由头部、躯干、腿部、双臂构成。头部由两个球体构成，一大一小、一前一后，把前面的换成白色，鼻子是红色小球，眼睛是由两个倒圆角的小圆柱体和两个黑色的小球构成，胡须是黑色的小圆柱体，嘴巴通过"样条曲线"工具绘制图形，立体化后与脸部进行实体切割，然后将切割部分染色。躯干由圆柱体构成，下部分为倒圆角，脖子处放一个圆环作为项圈，口袋与嘴采用同样的方法，铃铛由黄色小球和圆环以及黑色小球和黑色圆柱体构成。手臂和腿部均由圆柱体和圆构成，腿部需要再处理一下。请自行设计。